告别内耗

黄珂 —— 著

台海出版社

图书在版编目（ＣＩＰ）数据

告别内耗 / 黄珂著 . -- 北京：台海出版社 , 2024.
8. -- ISBN 978-7-5168-3931-7

Ⅰ . B84-49

中国国家版本馆 CIP 数据核字第 2024QG6428 号

告别内耗

著　　者：黄　珂	
责任编辑：魏　敏	封面设计：尚世视觉

出版发行：台海出版社

地　　址：北京市东城区景山东街 20 号　　邮政编码：100009

电　　话：010-64041652（发行，邮购）

传　　真：010-84045799（总编室）

网　　址：www.taimeng.org.cnthcbs/default.htm

E－mail：thcbs@126.com

经　　销：全国各地新华书店

印　　刷：三河市越阳印务有限公司

本书如有破损、缺页、装订错误，请与本社联系调换

开　　本：710 毫米 ×1000 毫米		1/16	
字　　数：150 千字		印　　张：10	
版　　次：2024 年 8 月第 1 版		印　　次：2024 年 8 月第 1 次印刷	
书　　号：ISBN 978-7-5168-3931-7			

定　　价：59.80 元

前言
PREFACE

你是否有这样的经历：总是琢磨别人说的话，生怕对方对自己有什么意见；反复回味自己说过的话，生怕得罪别人；一天下来明明也没做什么特别的事，但是跟别人相处就是很心累；各种踌躇满志，不满于现状，但又不敢改变；说好了让过去的失误翻篇，却总在耿耿于怀，责怪当时的自己……

上述种种想法，都是我们精神内耗的来源，我们的内心好像汇聚了各种声音、各种力量，它们不断撕扯，互不相让，没地方纾解，变得越来越迷茫，感觉自己的能量被消耗一空。我们如果想要做到自我控制，拥有健康生活，就需要大量的心理资源，而精神内耗恰恰就是在消耗心理资源。久而久之，我们的幸福感会逐渐下降，疲惫感让我们畏畏缩缩。

精神内耗到底是什么？我们不能单纯地归咎为"想太多"，或者是演"内心戏"给自己看。这种内耗其实是因为我们的心思太细腻，内心世界太丰富，致使我们产生了各种思虑。精神内耗指的是一种持续的、不明显的，但是可能有害的精神压力，通常是由于长期的生活压力、精神紧张、身体疲劳等因素引起的。

短时间的思虑，有利于我们思考自己的前景，做出更好的决策。而长时间的忧虑，就会变成内耗。而我们人生 80% 以上的痛苦，都来源于内耗太多，行动太少。拒绝过度忧虑、告别内耗，是我们一生都要解决的难题。

产生内耗的原因各不相同，如果我们想要做到正式告别内耗，也要选择不同的应对方式。有些需要我们深入了解自己，调整对自己的认知和判断；有些需要我们顺其自然，没必要让那些事情对自己产生太大影响；有些还需要我们及时寻求别人的帮助，调整自己做事情的方式。最重要的是，我们要告诉自己，我们已经很好了，无论发生什么，多点耐心，尽力而为就好。

本书从多个现实中可能会发生的场景切入，用案例引人深思。抛弃强行煽情的"鸡汤文"模式，从多种客观角度剖析让人们产生内耗的现象，以及产生内耗的原因，并提供告别内耗的实用方法。以此帮助深受内耗困扰的读者重新审视自身，为读者答疑解惑，解开心结，最终远离内耗，重新获得平静与幸福。

目 录
CONTENTS

第一章　内耗型家人

1. 内耗型人格的爱是畸形的

"内耗型人格"在心理学上属于悲观的人格，内耗型人格的人总是喜欢胡思乱想，过度解读别人的话语、猜疑别人的想法。他们还经常处于内心的矛盾状态当中，自我纠结一些根本无法改变或无所谓的事情，内心思虑过多，总是习惯自我否定。如此，消耗了大量的心理能量后，他们很容易产生持续的心理疲劳，进而陷入消极情绪的旋涡。这使得内耗型人格的人在亲密关系中也常常感到力不从心。

"猜疑"与"疲惫"

在又一次大吵之后，赵旭与相恋两年的女友小梦分手了。两年前，赵旭与小梦相识于大学校园，一开始他们也是形影不离，毫无保留地相爱。但是，直到小梦开始逐渐地在这段感情中，表现出内耗型人格的特质，他们的感情开始变得不稳定。

小梦非常缺乏安全感，常常焦虑和猜疑赵旭是否足够爱自己，她希望赵旭能够对自己一直保持最初的热情，用自己期望的方式来爱自己。赵旭一开始也尽量满足小梦的要求，时时向她报备自己的情况，让她保有安全感。

可是久而久之，他们的相处也变得僵硬起来。尤其后来小梦的情况变本加厉，她开始无法在感情里信任赵旭，越发加大了对赵旭的控制，只要收不到赵旭秒回的信息，就开始新一轮的怀疑。时间长了，小梦的控制和赵旭的退让在这段关系里形成了恶性循环，这让赵旭疲惫不堪。

就这样，在猜忌、争吵和不断内耗中，两个人最终不欢而散。

• "过度索求"成为一种心理压力

上述故事中的小梦有非常明显的内耗型人格的特质，她的内心矛盾，常常焦虑不安，对伴侣有着过度的依赖，极易陷入负面的情绪。这些其实并不是她故意为之，只是内耗型人格的人需要更多的关心和支持。所以，小梦在恋爱中非常希望赵旭以自己期望的方式，来向自己表达爱和证明爱。但是小梦却忽略了人与人之间表达爱的差异，以及对方真正的情感需求。

在亲密关系里，"过度索求"给自己也给对方造成了极大的心理压力，使双方都疲惫不堪。即使两个人再相爱，但他们在感情中存在的争吵、不理解和相互折磨也会逐渐消磨彼此的爱意，分开就成为必然的结果。

• 内耗型人格的基本特点

控制欲很强

这样的人在家里控制欲极强，通常不接受他人的意见与自己的意见产生分歧，他们希望包括家居风格、吃饭口味这样的小事也能按照自己的意愿来。他们的内心往往自私而傲慢，渴望控制别人，可是他们越是用尽全力地控制，别人越是想要逃离。

极度敏感

这样的人，哪怕只是听见别人说了一句很平常的话，也能引起他们无数的猜测和臆想。他们可能因为随便的一句话就能生气，然后在家中吵个不停，有时甚至会将好多年前的鸡毛蒜皮的小事都拿出来当作吵架的理由。这样的人不仅自己活得很累，也常常让家庭氛围变得紧张，让身边的人都感到很疲惫。

负能量爆棚

这样的人遇到一点小事就像天要塌了一样，总是将事情往坏处想，或是将自己代入受害者的角色，总觉得自己受了最多的委屈，然后怨天尤人。他们每天负能量爆棚，长期与这样的人相处的人，情绪也会受到影响，容易变得悲观和负面。

• 如何破局

如何破除与内耗型人格相处所带来的消极影响？以下有几个可供参考的方法：

1.建立良好的沟通。沟通是解决问题的关键，双方要积极表达自己的想法和感受，尽量做到坦诚相待。

2.尊重对方。尊重是建立一段健康关系的基础，只有互相尊重对方的个性差异，互相鼓励、支持，才能共同走下去。

3.培养共同的兴趣。共同的兴趣可以增加两个人的情感共鸣，能够减少感情中的内耗和矛盾。

2. 当孩子有一个情绪不稳定的妈妈

内耗型人格的人可能情绪极不稳定，就像一颗行走的炸弹，不知道什么契机就能被引爆。这让他们身边的很多人都处于紧张的状态下，时间长了，正常的人也会出现情绪的频繁反复，非常没有安全感。

如果这样的人在家庭中是妈妈的身份，那么她们对孩子就有着非常重大的影响。妈妈的情绪稳定、平和，孩子也会变得快乐平和；妈妈的情绪不稳定，孩子就会变得敏感、胆小，甚至是自卑。

情绪化的妈妈和沉默的儿子

张女士在家中经常为了一点小事就破口大骂，乱扔东西，甚至大打出手。有一次她的儿子浩浩在饭前吃了零食，而老公也没有制止，张女士发现后立刻情绪激动起来，大骂两个人。她对着浩浩歇斯底里地吼叫和指责，而浩浩只能用双手捂住耳朵，想以此来隔绝妈妈口中那些难听的话。

不光在家里如此，张女士带着浩浩坐地铁时，浩浩中途弄丢了地铁票，她当场就打了他几个耳光，嘴里也不忘继续对他的指责。

可是浩浩一声不吭地承受也不行，因为这只会让张女士更加生气。她常常觉得儿子太过沉默了，不爱说话，也不喜欢与人交往，一点没有小孩子的样子。她不喜欢这样，所以总是对孩子说："你不会说话吗？又一声不吭的。"但通常这句话只会让浩浩更沉默。

• 情绪不稳定的妈妈令孩子恐惧

家庭本来是给孩子提供庇护和温暖的地方，本该让孩子感到舒适和自由，可是如果家里有一个情绪不稳定的妈妈，那家可能就成了孩子想要逃离的地方。

妈妈不知道什么时候就会突然爆发的情绪，可能会对孩子产生以下伤害：

第一，缺乏安全感。妈妈情绪的不稳定，容易让孩子一直处于紧张的环境中，导致孩子缺乏对妈妈的信任，使孩子缺乏安全感。

第二，产生自卑心理。妈妈的情绪长期失控，会让孩子对自己产生否定，认为都是自己的错误。这样的负面情绪长期积压，会让他们产生自卑感，之后无论做什么事情都会小心翼翼。

第三，影响社交关系。孩子可能会受到妈妈情绪化的影响，也变得情绪化，导致他们难以适应周围环境，并很难与他人建立良好的社交关系。

• 妈妈的情绪是孩子安全感的参照物

曼彻斯特大学的心理学教授埃德·特洛尼克，曾做过一个"静止脸实验"。

实验刚开始，一个妈妈和孩子非常开心地互动，妈妈对孩子的每一个动作都积极回应，孩子显得非常开心。之后妈妈改变情绪，无论孩子为了吸引她的注意和回应而尝试使用什么方法，包括笑、闹、指向远处、大叫等，她都不为所动，始终保持着一张没有表情的脸。短短几分钟的时间，孩子在尝试了多种方法失败后，他的表情开始变得无助和痛苦，最终情绪崩溃大哭。当妈妈恢复正常后，孩子的情绪也很快恢复了。

从这个实验可以看出来，妈妈的情绪就是孩子情绪的参照，影响着孩子的情感发育和安全感的形成。焦虑、冷漠、暴力等负面情绪可能会让孩子形成缺乏安全感的依恋关系，于孩子的心理健康发展不利。

• 如何破局

如何破除情绪不稳定的状态呢？以下有几个可供参考的方法：

1.转移注意力，熄灭怒火。

心理学上有一个"十二秒效应"，指的是，人被某件事引起愤怒的时间只有12秒，过了12秒后，人的情绪就会恢复平静。所以在情绪爆发之前，尝试做一些别的事情转移一下注意力，比如喝一杯水、做一次深呼吸等，坚持12秒后，愤怒的情绪就会慢慢缓解了。

2. 找到情绪的合理的宣泄出口。

人的负面情绪需要有宣泄的出口，当察觉到自己有负面情绪时，可以寻找一些合理的渠道释放出来，比如，逛街、向朋友"吐槽"等。

3. 就事论事，清晰地表达诉求。

看到孩子犯错，可以用简单、明确的语言，平和而坦诚地告诉孩子自己看到的问题和当下的情绪感受，让孩子清晰地知道他们接下来该怎么做。

3. 在外对谁都好，回家就戾气很重的爸爸

在生活中，有这样一种人：在外人面前，他们是再温和不过的好人；只有亲近的人知道，他们有着多么鲜明的"两副面孔"。

这样的人，在外面与人交往时，小心翼翼、谨小慎微，无论面对谁都是一副和颜悦色的模样；可是回到家里后，他们却完全变了副样子，他们对爱人态度傲慢、横加指责，对子女动辄贬低、打骂，肆无忌惮地对亲近的人说着伤人的话，恨不得将自己所有的坏脾气都发泄在家人身上。

判若两人的爸爸

小芳很讨厌自己的爸爸，因为她的爸爸在家里和在外面好像是完全不同的两个人。在家里的爸爸暴躁易怒，还独断专行，一有不顺他心意的地方就会大吵大闹，有时还会摔东西。在小芳眼里，爸爸对家中每一个人的态度都相当差劲。可是爸爸到外面之后，却变成了一副老好人的形象，无论别人让他做什么，他都会笑着应承下来。

最令小芳难以接受的是，爸爸会因为别人的请求而委屈家里人。有一次，他们家里刚刚支出了一大笔钱，储蓄已经不多了，可是有亲戚找她爸爸借钱，她爸爸仍是不顾妈妈反对将所剩无几的钱借了出去，丝毫没有考虑过自己妻子和女儿的处境。

• 在外是"人设"，在内是"真实"

上述故事中的小芳的爸爸，是一个内耗型家庭成员。这样的人，在家中会表现出明显的攻击性，无论是态度上的冷漠，还是言语上的指责，都是他常常在家里表现出来的。

他们把最真实的模样留给了最亲的人，尽情地在亲人面前发泄着自己最坏的情绪，而在外人的面前，展现的却是自己精心打造的人设。这样"两副面孔"的行为，伤害了家人的情感，他们却毫无所觉，或者说是不在乎，因为家人对他们来说是"安全"的，可外人不是。

他们清楚地知道，向外人发脾气和向家人发脾气，要承担的后果截然不同。向家人发泄负面情绪几乎是零成本的事情，因为家人会对自己有无限的包容；可在外人面前，却需要对自己所讲过的每一句话负责，如果出了差错，很难像面对家人那样，轻易就得到原谅。

因此，他们在外人面前不是没有脾气，只是将真实的自己隐藏在打造出来的温和人设之下，回到家里就会原形毕露。

• 踢猫效应：越没本事的人，越爱冲着家人发脾气

心理学上有一个"踢猫效应"，很好地解释了为什么有人在外对谁都好，回家戾气就很重。

踢猫效应背后有这样一则故事：丈夫在公司被老板骂了，下班回家之后，他就冲着妻子一顿谩骂。妻子觉得无辜，就对放学回来的儿子发泄怒火。儿子也很生气，于是就踢了一脚从眼前走过的猫。

在这个故事里，每个人都选择将自己的负面情绪宣泄给了比自己更弱的人，而这就是踢猫效应的本质。

踢猫效应是指，人会在潜意识里，选择向一个弱于自己或者身份等级低于自己的对象发泄不满。而在外和气、在家暴躁的人，他们潜意识里就认为，自己在外面发脾气会受到伤害，因为害怕，才将脾气发给了他们心里认为安全、没有威胁的家人。

• 如何破局

如何破除总是对亲人发脾气的坏习惯呢？不妨试试以下几个方法：

1.查找原因，进行记录。

有时候，是发生了很多令人不愉快的事情，最后积累到一定程度后，突然被某一件小事触发了爆发点才引得你生气。你可以仔细查找每次生气的根源，用记录的方式，将自己发脾气的原因和过程都记录下来，然后厘清思路，在下次遇到类似情况时做到有效规避。

2.在外说"不"，不把坏情绪带回家。

如果在外面受到了不公的对待，要尝试着拒绝别人的要求，尽早把负面情绪产生的根源扼杀在摇篮里，不将它们带给家人。

3.学会包容家人。

在家庭里，矛盾和冲突难免产生，要学会尊重和理解他人的想法和做法，共同寻找解决问题的方法。互相包容，才能建立和谐的家庭氛围。

4. 看到"别人家孩子优秀"就焦虑的妈妈

在很多妈妈眼里，别人家的孩子总是比自己家的孩子强。她们可能常会在网上看到：6岁的女孩能跟外国人用英文对话，并开始启蒙俄语；9岁的男孩练了3年的架子鼓，都能参加比赛了……

看到这些优秀的"别人家的孩子"，很多妈妈都变得焦虑：为什么别人家的孩子都那么优秀，而自己家的孩子却什么都不会？孩子会不会一直落在别人后面，比不上别人……

妈妈眼里的同班同学

沐沐的老师在班级群里发了段视频，一个孩子已经学会了100以内的乘除，甚至还能口算。沐沐的妈妈看到后，想起自己家孩子还停留在简单的加减法的学习上，她忍不住开始焦虑。

沐沐的妈妈还从别人那里听说，她们的孩子已经会跳一支完整的舞了，她就马上着急地想给沐沐也报几个画画、舞蹈的兴趣班，想让自家孩子跟上别人的进度。她总是忍不住想，为什么同为幼儿园的孩子，别人家的孩子却那么厉害？

• 晕轮效应

所谓晕轮效应，也可以叫光环效应，就是指人们对他人的认知，是根据初步的印象来推论出对方的其他特质的。也就是说，人们对一个人的认知和判断往往只是从局部出发、扩散而得出整体印象。这是一种以偏概全的主观臆测。

在晕轮效应下，父母往往仅凭主观判断，就肆意评价别人家的孩子与自己家的孩子。他们会忽略别人家孩子的真实情况，仅从一个片面的角度去看待

11

他们，下意识地放大别人家孩子身上的优点，而放大自己家孩子的缺点。那么自然而然地，就会觉得别人家的孩子处处比自己家孩子优秀，进而产生焦虑情绪。但事实上，孩子们之间的差距并没有父母想象的那么大。

如果父母陷入了晕轮效应中，总是用别人家孩子的优点与自己家孩子的缺点相比较，时间长了，可能会让自家孩子的自信心受挫。所以，父母一定要学会合理、客观地评价孩子们。

• 三年级效应

教育领域有一个说法是"三年级效应"，它指的是，一些孩子在小学一二年级的时候学习非常优秀，可是到了三年级之后，成绩不断下滑，甚至出现厌学情绪的现象。

其原因是，这些孩子在上小学之前已经过多地接触了小学的课程知识，所以在一二年级时他们觉得自己什么都会，上课也就不认真。到了三年级时，所学知识变多也变得复杂，以前养成的不良学习习惯暴露出了问题，孩子的学习成绩自然就落后了。

超前教育的后劲乏力，让孩子的成绩差距也逐渐明显。所以，在孩子学前阶段的教育中，关注孩子身心发展特点，尊重他们的身心发展规律十分重要。

• 如何破局

如何破除看到"别人家孩子优秀"就焦虑的情况呢？不妨试试以下几个方法：

1. 关注自我成长。

过度关注一件事情容易让自己变得焦虑，父母不要将注意力都放在孩子身上，有时可以放在自己身上，关注自我的成长。以身作则，也是对孩子的一种良好的教育。

2.降低对孩子的期待。

父母一般对自己的孩子有过高的期待，当孩子表现出与期待不符的样子，父母就会变得焦虑，这也会加重孩子的压力。有时表现得对孩子"不那么在乎"，反而可能会收获意外之喜。

3.关注自家孩子的发展目标。

给孩子制定一个合适的，通过努力能够实现的目标，这样既能够满足父母的需求，也能够增强孩子的信心。不要将注意力放在对孩子们的比较上，没有比较，就会减少焦虑。

5. 遇事就互相埋怨、指责、撕扯的家人

有人说："中国家庭的悲剧，多数都源自遇事爱责备的相处模式。"因为家人之间的互相埋怨、指责会让整个家庭的氛围都变得紧张和僵硬，让身处其中的每个家庭成员都承受巨大的心理压力。

再小的事也能吵得不可开交

马女士晚上带着女儿下楼玩耍，发现女儿出了很多汗，就想给女儿洗个澡，结果回家却发现热水器还没打开，需要等上20分钟左右。这时，她看到了坐在沙发上玩手机的老公，气不打一处来，忍不住抱怨："你刚才玩那么久的手机，怎么不知道提前把热水器打开呢？"她老公听了之后，立刻反驳："你刚才做饭的时候，怎么没有把热水器提前打开呢？"

马女士一听这话，又继续说："我在厨房做饭那么忙，忘记了也是正常的。"她老公又反驳道："我看你刚才打电话打了很长时间，挺闲的，你都不记得，还让我来开，真是有意思。"就这样，两人你一句我一句，语气都慢慢变得激动起来，逐渐吵得不可开交。

• 家人之间会互相抱怨、指责的原因

上述故事中，马女士和她老公的相处模式在很多夫妻身上都存在，一点小事、一句话都能成为双方互相抱怨、指责的源头，原因可能是：

第一，对对方总有不切实际的期待。

人总是不自觉地期待家人更懂自己，更体谅自己，对自己能够更好。当家人没有满足自己期待的一切时，就容易心生不满，进而抱怨和指责对方。

第二，打着以"为你好"的旗号，忽视对方的感受。

很多人对家人的指责，都打着"为你好"或者"为这个家好"的旗号，所以他们的指责常常是理直气壮的，可是他们却从没有考虑一下对方的感受是怎样的。对方很难从抱怨和指责中感受到被关心和尊重，只会觉得自己被否定了，于是就忍不住为自己辩护，一来二去，争吵就产生了。

• 有效的批评方式——三明治效应

在心理学中有一个"三明治效应"，指的是，人们把批评的内容夹在表扬的内容中间，从而使受批评者更容易接受的现象。

家人之间相处时产生摩擦很正常，过于刺耳的意见和建议会让人难以接受。当心中产生想要指责对方的想法时，不妨试着先对对方表达认同、肯定、关爱等，然后再发表自己的建议或不同观点，最后再对对方表示信任、鼓励和支持。比如，当对方做的菜很咸时，不要直接说："你是不是倒了一袋盐下去，这么咸还能吃吗？"而是说："你的厨艺真不错，味道很好，只是我觉得下次再少放点盐就好了，那样对身体会更好，你觉得呢？"

这样批评的方式，不仅不会将双方矛盾放大，还能提高被批评者改正错误的积极性，会比直接的指责更有效果。

• 如何破局

如何破除家人之间相互埋怨的状态呢？不妨试试以下几个方法：

1.面对冲突，坦诚沟通。

如果亲人之间存在矛盾，不要逃避和压抑，这样非但解决不了问题，还会让负面情绪积压，使情况变得更糟。试着寻找合适的机会，与对方坦诚沟通矛盾产生的原因和过程，平和地分析彼此存在的问题，找准矛盾的症结，才能找到对症的解决方式。

2.试着理解和原谅。

可以尝试站在对方的角度思考问题，了解对方某些行为产生的原因，然后试着原谅对方。在此期间，可以借助一些方法来帮助自己放下负面情绪，比如写日记、做运动等。

3.不要被对方的节奏影响。

在矛盾产生时，如果对方一直说着抱怨和指责的话，自己要始终保有明确而坚定的表达，只诉说客观因素，免于歇斯底里的争吵，不要被对方的节奏影响。

第二章　　内耗型社交

1. 容易内耗的高度敏感人格，活得有多累

非常敏感、经常焦虑、难以控制情绪、缺乏安全感等，如果一个人对这几个词语有很强的代入感，那么他可能就是"高度敏感人格"。"高度敏感人格"是由美国心理学博士伊莱恩·阿伦首次提出的，她指出，这并不是一种心理疾病，而是一种相对稳定的人格特征。

高度敏感人格是一种会对外界的微弱刺激敏感加工的人格，属于这种人格的人，其信息处理机制和情绪处理系统往往比其他人更加活跃，他们有着对外界变化更高的感知能力和识别能力。但这也使得他们更容易受到过度的刺激，更容易被外界伤害。

喜欢胡思乱想和独处的人

一次，倩倩的家里举办大聚会，作为主人，在人前她与大家交流得欢快。一旦察觉到某处的氛围变得安静和尴尬了，她总是很快抛出新的话题，从不让人冷场。聚会时间过半，倩倩借口去洗手间离开了人群，在洗手间里，她不断用温水和肥皂洗着手，并抬头看着镜子问自己："刚刚应该没有说错什么话吧？""会不会有朋友不喜欢这次的安排呀？"

她越想越觉得不安，想到一会儿还要出去面对那么多人就感到心累，于是闭上眼睛享受着难得的独处时光，并在心里预演出去后与人交流的话题，考虑面对各种问题的对策，以免冷场和尴尬。过了十几分钟，陆续有人来找她，尽管她还没有完全从独处的状态中恢复，她也知道自己必须得出去了。面对人群，她又恢复了乐观开朗的样子。

• 高度敏感人格 ≠ 内向型人格

高度敏感人格的人通常善于觉察别人的情绪，共情能力很强，他们常常会因为别人的某一个眼神或某一句话就胡思乱想，情绪低落。而且他们往往天生就有极强的共情能力，易受到别人情绪的影响，认为自己有责任减少别人的痛苦，所以他们常会感到疲惫。有调查显示，对于高度敏感者来说，平和、放松的环境，比如独处，会让他们获得一种满足感，能够让他们舒缓自己的压力，生活得更舒服、更幸福。

高度敏感人格与内向型人格很像，但并不完全等同。有调查发现，有大约 30% 的高度敏感者在社交中很活跃，属于外向型人格。两者最大的不同就是，高度敏感者的人是因为对外部刺激比常人敏感，所以他们需要更多的时间和空间来调整自己，因而偏爱独处。而内向型人格的人只是在社交偏好上倾向于独处而已。二者并不互斥，一个人可能同时存在这两种人格的特征。

• 高度敏感是一种天赋

有数据显示，平均每五个人中就有一个人是高度敏感人格特质的人。高度敏感者拥有发达的神经系统与感知能力，他们能够感知到事物的细微差别，并对信息进行更加深入的处理。

在心理学上有一个"过滤器"理论，是关于人们处理外界信息的理论。该理论认为，我们的神经系统处理信息的容量是有限的，而外界传递给我们的信息远超我们能够处理的容量，因此我们会有一个"过滤网"用于筛选信息。而高度敏感者就像是拥有一个网格比常人大的过滤网，因此他们的大脑能够接收到的外界信息会比别人更多，这也让他们拥有更加强大的感知力和更敏锐的觉察能力。

而且，高度敏感者是很好的倾听者，因为他们具有强大的共情能力，能够敏锐地感知到对方的情绪，并在交流中达到共情。

- 如何破局

如何破除高度敏感人格带来的内耗呢？不妨试试以下几个方法：

1. 宽以待己。

放弃对自己苛刻的完美要求，允许自己的生活有所不足，接受自己会犯错，接受自己有做不到的事情，接受自己可以不让所有人满意，会轻松许多。

2. 转变惯性的消极认知。

善于发现人和事积极的一面，客观冷静地看待自己和周围的世界，不要困于情绪之中，思考要理性。

3. 做自己情绪的主人。

要时常提醒自己，"别人的情绪与我无关，我不需要为他人的情绪负责"。

2. 宁愿委屈内耗自己，也不愿拒绝别人

生活中有的人，总是习惯性地委屈自己，去讨好别人，即便别人提出了很无理的要求，自己也不会拒绝。他们在社交群体中获得了"老好人"的称号，看似在哪里都"吃得开"，但其实自己的内心充满了压抑和委屈。这样的人已经不能仅用善良来形容了，而是属于讨好型人格。

讨好型人格是指，一味地讨好、迎合他人的言行，而忽略了自己内在感受的人格，是一种潜在的不健康的行为模式。拥有这种人格的人在生活中并不少见，牺牲自己的利益去成全别人，似乎成了很多人的社交指南，好像只有如此才能拥有一段良好的人际关系。但事实上，这种看似善良的行为背后，却隐藏着人际关系的不健康发展，以及对自己心理健康的危害。

"有求必应"的虚假好人缘

小月在外人面前一直是非常贴心周到的存在，对邻居，她几乎从不会拒绝对方请求帮忙和借东西的要求，哪怕是私人物品也会硬着头皮借出去；对朋友，明明上了一天班很累，非常想回家休息，可是面对朋友"下班后一起去逛逛街"的邀请，也只能点点头，笑着答应下来；对同事，她更是经常帮忙，甚至为此耽误了自己的工作，也不会说拒绝的话。

小月的"有求必应"所换来的，是看似和谐的人际关系和好人缘，让她在公司的一次升职竞聘中信心满满，可是最后却惨遭失利。看着同事们还是一有事就找自己，看着比自己进公司晚的同事晋升都比自己快，小月感到非常难过，但是她不敢将真实的情绪表现在外人面前，依旧对别人笑脸相迎。时间久了，她开始经常请假，把自己关在家里，什么人也不想见，什么事也不想做。

• 不健康的讨好型人格

讨好型人格的人在与人交往的过程中，为了能够使人际交往的过程变得顺利，而过度压抑了自己的需求和感受。可是他们的妥协和讨好除了增加自己的压力之外，并不会真正让他们赢得别人的尊重和获得健康的人际关系。

因为当一个人把自己的价值建立在别人的评价之上，就很难建立起真正的自信和自我认同，也就容易产生精神内耗。而且在别人面前过于放低自己，只会给对方伤害和辜负自己的机会。久而久之，对方就会把你的好意和退让都当作理所当然，进而操纵、滥用你的善良。所以，委屈自己、迎合他人，绝不是建立健康人际关系的正确方法。

• 讨好型人格最典型的特征

顺从他人。讨好型人格的人比起坚持自己的意见和想法，更倾向于顺从他人的期望和要求，以获得别人的喜爱和认可。

没有原则。讨好型人格的人为了满足别人，常常牺牲自己的利益，放弃自己的底线和原则，哪怕被要求做自己不喜欢的事情，也不懂得拒绝别人。有时，他们甚至意识不到，自己的权益受到了侵害，还在心里为别人的无礼要求做合理化的解释。

害怕冲突。讨好型人格的人常常不敢表达自己的意见和需求，总是对他人的观点和意见表示赞成，因为他们害怕自己一旦说出与之不同的答案，就会打破双方之间良好的社交关系，与别人产生矛盾和冲突。所以他们愿意忽略自己，来维持与其他人的"和谐"关系。

• 如何破局

如何破除讨好型人格带来的内耗呢？不妨试试以下几个方法：

1.明确自己的原则。

拒绝是人的基本权利，而且本来就无须寻找理由，更不必为拒绝他人而感到内疚和自责。明确自己的需求和底线，给自己树立一些原则，涉及原则的事情试着对他人说"不"。

2.做力所能及的事，培养自信。

建立充足的自信，是避免讨好他人的最好的方法。试着学一项新的技能或给自己制定力所能及的目标并做好它，从中体会成就感和满足感，以增加自己的自信心。

3.尝试"不讨好"，看看会发生什么。

试试在一些小事上改变自己的讨好行为，看看是否会出现自己预想的坏结果。当原先的假设被推翻，自己也就能发现，真实地表达需求和拒绝别人其实没有那么可怕。

3.请对方帮忙的话，憋在心里说不出去

在生活中，很多人都有过这样的经历：遇到自己没有办法解决的事情，明明需要别人的帮助，而别人也确实有能力能够帮助自己，自己却不好意思麻烦别人，也不敢主动找对方帮忙。于是就选择自己硬着头皮解决，或者干脆放弃。

他们可能认为麻烦别人是一件糟糕的事情，觉得会因此让对方感到厌烦，从而伤害自己和对方的感情。但其实这是一种误解，这样做不仅为难了自己，还有可能会适得其反，让自己与对方的距离越来越远。

"麻烦"领导，关系变好

晓雯的女儿要上幼儿园了，可是由于最开始没怎么关注，错过了报名时间。她脸皮薄，不好意思麻烦别人，就没有特意找人帮忙。有一次跟某个领导聊天时，无意中提到这件事情，没想到领导刚好认识那个幼儿园的园长，说可以帮她这个忙。晓雯见领导都主动提起了，就顺势应下来。领导只打了一个电话，让晓雯焦头烂额的问题就非常轻松地解决了。晓雯为表感谢，请领导吃了顿饭。

在此之前，晓雯与这位领导并不熟络，平时也基本没什么交流，可是这之后，他们的关系变得越来越好了，平时相处也更加自然了，偶尔还会一起开两句玩笑。晓雯自己都没想到，只是请对方帮了个忙，竟然还有这样的效果。

• 适当"麻烦"别人，可以拉近关系

故事中的晓雯，对领导的"麻烦"反而让他们之间的关系拉近了许多。有人会说，这只是因为她与领导一起吃了顿饭而已。可事实上，在职场中，与

同事和领导一起吃饭是再平常不过的一件事情，很难见到哪一顿饭能有这样的效果。之所以会如此，源于晓雯满足了领导的"被需要感"。

每个人都有追求价值感和归属感的心理，也就是渴望"被需要"。所以不要害怕麻烦别人，适度的麻烦不仅不会令人反感，还会成为满足对方的方式。而且，好的关系是相互的，自己麻烦过别人，别人也就有勇气来麻烦你，一来二去中，彼此的关系便拉近了。当然，在这个过程中要把握好适当的分寸，保持良性的互动，才能让双方的关系走得稳定且长远。

• 富兰克林效应

这一效应的产生，源于这样一个故事：

富兰克林是当时宾夕法尼亚州的一名议员，在竞选中，他想要获得另一名议员的支持。可是那名议员刚好与他不和，甚至还公开批评过他。富兰克林没有选择贿赂、讨好对方，而是向对方借了一本稀有的书。

他给对方写信后，对方真的借给了他。几天后，两个人再次见面时，对方竟然主动和富兰克林聊天，而且还将自己的一票投给了他。因为这件事，两个人也成了一生的好友。

"富兰克林效应"就是指，让别人喜欢你的最好方式，不是去帮助他们，而是让他们来帮助你。

这就告诉我们，麻烦别人并不一定是坏事，有时候，这反而是促进双方关系的最好的方式。所以，不用因为主动开口寻求别人的帮助而觉得羞愧。

• 如何破局

如何破除不好意思请别人帮忙的状态呢？请你记住以下几句话：

1.你的难处或许对别人而言算不上麻烦。

人的职能各有不同，对你来说麻烦的事情，也许对别人来说是很简单的。

很多时候，只要你开口，别人会很愿意帮助你，没有必要因为害怕和纠结而吃很多无谓的苦。

2.别人和你一样，希望"被需要"。

想想你在帮助别人的时候是不是感到了"被需要"，而且还有很大的成就感。其实别人和你一样，说不定也正在渴望这种感觉，所以不要害怕麻烦别人。

3.过于独立反而让人觉得难以接近。

独立的意思是指，在关系上不依附、不隶属于任何人，只依靠自己的能力去完成某些事情，而不是不需要任何人在身边。独立本身是很好的品质，但过犹不及，只会让人觉得你难以亲近，充满了距离感。真正优秀的人，是独立的同时，又有依赖别人的能力。

4. 被误会，犹豫着要不要为自己解释

在人际交往和日常生活中，很多人都可能会遇见被别人误会的情况。有的人会想尽各种办法来给别人澄清事情发展的始末，以证明自己的清白；有的人潇洒地微微一笑，只说一句"对不懂的人不必解释"；有的人连解释与否都要纠结、犹豫半天。

解释还是不解释？

晨晨和公司同事小王一起策划了一次卖场活动，可是中途在物料选择方面却出现了很大的错漏，公司领导因此罚了他们两个人。晨晨和小王都被扣了相应的工资，可是小王还被要求在公司大会上做了检讨，晨晨却没有。晨晨自己也很疑惑，领导为什么会处罚不公，搞得公司其他同事，尤其是小王都认为是她在背后用了什么手段。

晨晨对此也不太好意思，她之前和小王还经常沟通，现在也不怎么说话了，其他同事也对她比较冷淡。她最近一直在犹豫自己是否要向大家解释，她的心里有很多顾虑还没有想好，所以每次解释的话到嘴边了又咽了下去。这让她的日常工作状态都受到了影响。

• 犹豫是否解释的原因

从心理学的角度看，人们对解释犹豫的原因有：

潜意识抗拒冲突。误会发生的第一时间，没有为自己辩解的人，可能是因为他们的潜意识里是抗拒冲突的，害怕当面对质，也害怕与他人的关系变僵，更希望能够用妥协、退让和默许等方式解决问题。他们甚至为此不惜牺牲自己的利益，也会尽力营造和平的氛围。

自我欺骗以维护形象。很多人在误会产生时，会下意识地表现得不甚在意，来向别人展现自己的大度，以维护自己的形象。这样能够给他们带来安全感，但是这很难真正缓解他们的心理压力，给他们带来快乐。这时，他们对外的表现也是一种对内的自我欺骗。

消极的自我暗示。他们可能在过去有过不被信任的经历，所以当别人再一次对他们产生误解时，他们会产生一个消极的自我暗示："解释了也没有用，不会有人相信的。"然后，他们也就不会再去解释了。

• 定势效应

有时候越想解释一个误会，反而越难以说清楚，这与心理学上的"定势效应"有关。定势效应是指，一个人在对待某些信息时，由于自身先入为主的观念和期望，会导致对这些信息产生偏见和判断上的错误。

定势效应告诉我们，当误会产生时，对方的脑海中已经形成了对你的某种印象，并且会在与你的交往中，倾向于以这种印象去认识你。所以无论你如何解释，都会被认为是掩饰和狡辩，即便说的是实话，也很难被人相信。

因此，任何误会客观地说清楚事情的来龙去脉即可，对方信与不信有时并不是取决于你如何解释，而是他们基于对你之前行为的判断，以及对事实真相的了解后做出的分析。而着急又拼命地去解释一个误会，是被动的反应，可能会使误会更深。

• 如何破局

如何破除被误会后不知道要不要解释的状态呢？以下有两个可供参考的方法：

1.回击别陷入自证陷阱。

当别人对自己产生误会时，不要急于为自己辩护。而是本着"谁质疑，谁举证"的原则，将话题重点放在对方身上，多说"你……"，减少自我反思和自我证明。

2.始终相信自己。

要知道，一个人会被别人误会是很正常的情况，这并不代表被误会的人有错。当自己被误会后，反思一下自己的行为是否真的有问题，如果觉得自己没有错误，那么就一直相信自己吧，为自己加油，让自己一直保有自信。

5. 参加饭局，不说话怕不合群，但又不知道说什么

对于不善于社交的人来说，参加饭局称得上是痛苦的经历，尤其是在饭局上并没有自己非常相熟的朋友时。这样的人大部分时间都是沉默的，敬酒的时候也是悄悄跟在其他人后面。

他们并不是刻意让自己保持沉默，有时候见到大家高声谈笑、互相起哄，也想努力融入其中，但是经常因为不知道该说些什么而退却。所以，一顿饭下来，他们好像总是游离于众人之外，不知道该说些什么，又担心自己的表现让他人觉得奇怪、不合群，整个人显得孤独、尴尬又难过。

在饭局上的胆怯

阿坤的工作能力不错，但是人际交往方面却差了很多，尤其害怕参加饭局。每当公司有聚会聚餐，他都会感到很发愁。一来，是因为他的酒量不太好；二来就是自己不太会说话，和别人一起吃饭时，常常陷入冷场的情况，害怕别人觉得自己态度有问题，不合群。

但他知道在职场中参加饭局不可避免，而且也不能一直找理由不去，偶尔会硬着头皮参加。他明白表现得游刃有余会给自己加分，可偏偏自己就是做不到。一到饭局上，哪怕自己已经提前在心里打了好几遍草稿的话，仍然会觉得自己找的话题实在太差，支支吾吾开不了口。这让他每次参加完饭局后，都会后悔一阵子，总觉得自己怎么做都不对。

• 不合群的恐惧加重了"社恐"

阿坤这样的状态是有轻微的"社交焦虑症"，也就是生活中常说的"社恐"。社恐的主要特征是，害怕在社交场合陷入尴尬的局面，担心自己会被他

人嘲笑、看不起，别人有意无意的注视都会让他们局促不安。因此，"社恐"的人常常会出现回避社交的行为，不敢与他人交流。当他们不得不与别人产生接触时，总会不可避免地出现焦虑、紧张的心理，甚至出现脸红、心跳、出汗等生理反应。

当他们发现自己的表现与周围人都大不相同时，因为群体压力的存在，对不合群的恐惧更是加重了他们的心理负担。比如在饭局上，自己的沉默与其他人的侃侃而谈形成对比，会加重他们在社交场合的尴尬，同时让他们感到自己收到负面评价的可能性增加了，这会让他们更加排斥、恐惧社交，从而形成恶性循环。

• 合群心理，从众行为

人为什么会存在合群心理呢？ 因为社会本身存在着"集体文化主义"，在社会中的每个人，尽管都是独立的个体，但也都有获得归属感和安全感的需求。而在一个群体内，人与人之间在情感上的互动交流，是一个人归属感的来源，群体中其他人对自己的认可和接纳，则能让人获得归属感。所以，对于归属感和安全感的需要迫使一个人去合群。

有哪些因素影响一个人的从众行为呢？ 一个人受群体的规范性压力影响，其处境对从众行为的强弱有很大的影响。当一个人希望未来还需要与某个群体交往时，他会更加从众；当一个人觉得某个群体对他来说有更大的吸引力时，他会更加从众；当一个人在某个群体中的地位较低时，他会更加从众；当一个人感到某个群体并没有完全接受他时，他会更加从众。

• 如何破局

如何破除参加饭局的内耗状态呢？不妨试试以下方法：

1.做一个专注的倾听者。

当你发现饭局上的话题自己都不敢兴趣时，不用感到尴尬，此时只要做一个专注的倾听者即可。在对方说话时，要确保自己大致理解谈话的内容，时不时地表现出对对方话题的兴趣，并偶尔反问一两句以免对话中断或尴尬。

2. 适当地回应对方。

在对话中，适当地回应对方："真的吗?""哇!""你接着讲。"这能够提升你在群体中的好感度。

3. 提前熟悉聚会环境。

为避免进入一个陌生的地方感到紧张和恐惧，可以在聚会时，提前到达聚会地点，事先熟悉环境。

第三章　　心理内耗

1. 间歇性踌躇满志，又持续性颓废到底

有些人会在某一刻突然奋发图强，立下各种新的任务和目标，并信心满满地觉得自己一定能够完成，可是很快他们的激情就会消失，然后又回到了日常"躺平"的状态。这就是间歇性踌躇满志，又持续性颓废到底。

激情存在时，他们甚至会被自己的努力感动；激情消失时，可能会堕落得自己都看不起自己。

一边减肥，一边暴食

某一天小葵突然在朋友圈里向大家宣布，自己要开始减肥了，并决定在朋友圈里打卡自己每天的午饭。第一天是一瓶牛奶和一根黄瓜，第二天是水煮青菜，第三天是轻食鸡胸肉，到了第四天她什么也没有发。

过了一段时间，有朋友好奇地去问她，减肥的情况怎么样了。小葵说，自己正在"随缘减肥"，白天薯片可乐，晚上火锅烧烤，想起来就做做运动，多数时候躺着不动。小葵的这次减肥，在她又胖了两斤后正式宣告失败。

• 高估了自己的毅力

上述故事中的小葵做事三分钟热度，这与她高估了自己的毅力，以及执着于宏大的目标有很大关系。

　　人在制定目标时，总是会本能地低估任务完成的难度，还会对自己的毅力和能力相当自信。因为在制定目标时，人并没有通过亲身实践去体会完成计划的难度，所以总会不可避免地在假设中降低困难对自己的影响。于是自己就产生了"为了目标什么都可以完成"的错觉，也就是高估了自己的毅力和能力。

　　对自身的错误判断让他们在制订计划时，很容易光凭想象就能热情高涨、信心满满。但是当真正开始实践时，他们会感受到自己的能力难以配得上自己的野心，想象与现实的差距会非常打击他们的信心，让他们难以坚持下去，不得已中断计划。

• 心理疲劳 + 内驱力不足 = 精神内耗

　　在心理学上，"间歇性踌躇满志，又持续性颓废到底"，其实是一种倦怠心理。当一个人长时间高负荷地工作，一直处于巨大的压力之下，他就会产生生理上的疲倦，以及情绪和心理上的紧绷。如果压力不能得到及时的释放和发泄，就会不断在他们心中积压，最终导致他们越发倦怠。

　　而内驱力就是指，支撑一个人完成目标的内在动力。当一个人无论做什么事情都缺少兴趣，没有激情时，就是内驱力不足的表现。他们并不是发自内心地想要完成某件事情，只是出于别人的要求或群体的规定而被迫去做，所以即便努力也只是"间歇性努力"。因为缺少支撑坚持完成目标的动力，结果往往会以中途失败收场。

　　内驱力不足的人会计划做很多事情，但很难真正完成某件事情。他们的想法常常在积极完成和彻底"摆烂"之间反复横跳，最终的结果就是陷入内耗，焦虑又痛苦。

• 如何破局

　　如何破除"间歇性努力"的负面影响呢？不妨试试以下方法：

1.积极的自我暗示。

做一件事情的心态很重要，所以在做之前，不妨常和自己说"我可以""我不比别人差""我一定能完成这件事"等鼓励自己的话语，给自己积极的自我暗示。

2.分解任务，给自己阶段性的奖励。

很多人都有这样的体会，越是简单明确的任务越有动力立刻完成，复杂而周期过长的任务往往让人望而却步。因此，将目标拆解为不同的阶段性小任务，能够让人更有信心和动力去完成。在每完成一个阶段性任务后，可以给自己一些奖励，这样能够缓解疲惫，还能增加后续努力的动力。

3.设想未完成的后果。

可以设想一下未完成某些任务时可能产生的后果，当自己感到难以接受时，也就有了坚持下去的动力。

2.精神内耗的人总把事情往最坏的方向想

精神内耗，就是指常常陷入无意义的思考，在思考的同时还伴随着焦虑、不安等负面情绪，使人处于精神压抑的状态中。精神内耗的人总是不自觉地把事情往最坏的方向想，在事情发生之前就已经开始担忧最糟糕的结果。

其实，很多事情并没有他们想象的那么糟糕，甚至可能会带来非常好的结果。有时候，反而是他们对问题的过度焦虑，导致看问题的客观度下降，决策失误率上升，从而让事情往坏的方向发展。

总是提前而过度的焦虑

慧慧给男朋友发信息，如果没有及时收到对方的回复，她就会开始胡思乱想。时间过去了半个小时，她会想男友是不是在外面花天酒地；过去了一个小时，她就担忧男友是不是正和别的女生在一起……一番心理活动之后，男友终于联系了她，没有任何她担忧的情况发生，事情好像就这样过去了。可是再遇到类似的情况，她又会重复同样的焦虑。

她不仅在感情上这样，连工作也是如此。有一次老板临时给她交代了一个任务，她将方案发给老板后，就忐忑不安地盯着消息界面等待着，心里焦灼万分，担心文案是不是没有让老板满意，老板是不是已经对自己失望了……直到收到老板回复"可以"的消息，才放下心来。她甚至还时常担心自己，会不会在某一天突然得了绝症，然后悄无声息地死掉。尽管她知道这样的担忧和焦虑并不能解决问题，但就是忍不住忧心忡忡。

• 负性自动思维

一个人总是在毫无根据的情况下，就习惯性地将事情往最坏的方面去想，

37

这从心理学上来说，可能是源于负性自动思维。

负性自动思维是自动化思维的一种。自动化思维可以被理解为，人们做某件事情的本能，是一种无意识的、自然而然的并且不需要努力的思维。当我们面对日常生活中的大小事情时，自动化思维能够提高我们解决问题的效率。

而负性自动思维则是指，人们在面对问题和情景时，总是过度关注负面信息，忽略积极信息，因此会下意识地先考虑最坏的可能性的一种思维模式。这种思维模式常常伴随着担忧和焦虑的情绪，如果负性自动思维成为一个人的惯用思维模式，那么这个人就会常常被这种思维模式所伴随的负面情绪所困扰，增加他们面对各种事情的恐惧感。

• 负性自动思维的常见类型

美国心理学家埃利斯经过研究，指出了负性自动思维的几种常见类型：

1. **两极化**。思维方式非常极端，认为"不是成功就是失败"。

2. **"糟透了"**。会将自己遇见的事情当作是最坏的情况。

3. **过度谦逊**。习惯性地忽略或否定自己的优点。

4. **情绪推理**。认为自己最委屈，把自己的负面情绪当作既定事实看待。

5. **贴消极标签**。给自己或他人都贴上固定的消极标签。

6. **夸大消极面，缩小积极面**。会认为自己，做得好了就是运气好，做得不好就是能力不行。

7. **度人之心**。认为自己非常懂别人的想法，将自己的推论当作实际情况，还不加以验证。

8. **以自我为中心**。认为其他人的想法与自己想法是一样的，或坚持认为其他人应该遵守自己的处事准则。

9. **"假设 = 结论"**。不注重事实，只通过假设就得出结论。

10. **以偏概全**。仅凭片面的事实就认定一个全面的结论。

11. **"应该"和"必须"**。心里总有一些刻板的观念，认为"我就应该……""别人必须……"，并以此来约束他人和自己。

12. 不相信他人好的评价。总认为他人对自己的赞美都是出于别的原因，或对自己别有所图，或对自己不够了解。

• 如何破局

如何破除负性自动思维的影响呢？不妨试试以下几个方法：

1. 察觉思维模式。

观察自己的思维模式，能够察觉到自己处于负面自动思维之中是停止内耗的第一步。

2. 质疑负性画面。

当脑海里出现负性的画面时，尝试质疑这些画面的合理性和客观性，想一想它们发生的概率究竟有多大，理性判断它们发生的可能性。

3. 寻找事物积极的一面。

事情发生时，专注于寻找事物积极之处，以及能够解决的方案，逐渐养成乐观的心态。

3. 出现问题，第一反应就是觉得自己有问题

生活中有一种人，他们在遇到各种困难之后，总是习惯性地将问题的责任归咎于自己，而忽视外界的因素，并常常为此过度自责。哪怕事情的失败与他们自身并没有多大关系，他们也总能从中找到自己的一点原因，不管是直接的还是间接的，不管是心态上的还是行为上的。

事实上，生活中总会出现一些不可抗力的因素而导致某些事情的失败，这是人所不能掌控的，因此并不是所有事情都是自己的错，并过度反省。否则，只能让自己陷入愧疚感里，活得自责又压抑。

"都是我的错"

念念遇事非常喜欢反省自己，别人请她帮忙，她因为客观条件实在帮不了，也会自责并向对方道歉；当别人对她的态度不客气，她顺口反驳两句后，又会反思自己是不是太小气了。现在这种情况变得更夸张了。

有一天周末，念念点了一份外卖，等外卖送到的时候，她才发现外面下了雨，于是连连向外卖员致谢又道歉，非常自责。她觉得是自己的原因，才给别人造成了麻烦，为此，她纠结郁闷了好久，最后还卸载了所有外卖软件。

• 过度自责是强加在身上的折磨

适当、合理的自责是进步的动力，它能够让人在下一次遇见类似的情况时做得更好，但是过度的自责只能加重自己没有必要的心理负担。

"适度自责"与"过度自责"之间有两条区别的红线，一是从反思行为到反思性格，如果一个人在自我反思中频繁地出现，对自我性格和个人特质的否

定，比如"我真是太差劲了""我怎么这么傻"等，他可能就陷入了过度自责的旋涡；二是从承担责任到背负他责，如果一个人总是倾向于为他人寻找失败的借口，而全部从自己身上寻找失败的原因，那么他就是过度自责了。

- ● 警惕有毒的归因——过度内归因

在面对某件事情时，人们总会不由自主地思考和解释事情发生的原因，这在心理学上叫作"归因效应"。归因可以分为两种模式，归因于内部因素的"内归因"和归因于外部因素的"外归因"。

面对相同的一件事情，两种归因模式会让人产生截然不同的两种结论。比如在一次考试中失利，内归因的人会认为"是我自己不够努力"，外归因的人会认为"这次考试的难度太大了"。两种归因模式并没有绝对的好坏之分，但是过度内归因，则是一种有害的归因模式。

拥有这种归因模式的人，会不断放大自己的缺点和错误，一旦出现问题，他们就会下意识地将责任都推给自己，即便与自己无关，仍然会愧疚不安并自我谴责。长期陷入这种归因模式，会降低人的"自我效能感"，而自我效能感越低的人，越容易在面临困难时感到无助和沮丧，也就难以做到积极应对。所以，过度内归因非常不可取。

- ● 如何破局

如何破除过度向内归因的影响呢？不妨试试以下两个方法：

1. 以客观视角，向外归因。

看待一件事情时，你可以尝试跳出个人视角，以第三方的角度，尽可能客观地分析问题产生的原因。此时，你下意识的归因方式是哪一种，就将归因方向偏向另外一种，以便让自己逐渐养成客观归因的习惯。

2. 刻意进行归因练习。

平时，你可以挑出一些事情，评估影响它们的内外因素分别是什么，分别占有多大的比例，并写在纸上，然后像做题一样分析一下，究竟哪些是自己需要负责的，而哪些又是自己不能控制的。之后你就能发现，其实真正要负的责任远没有想象中的大。

4. 总是沉浸在后悔中无法自拔

　　每个人可能都或多或少有过后悔的经历，有些人会把这些经历当作成长的经验教训，潇洒地放下后继续往前走；有些人却总是沉浸在过去的经历里，反复回忆、纠结。他们可能会将"早知道就……了"挂在嘴边，让这种事后懊恼的心态蔓延在生活的方方面面，在事情过去后才意识到自己究竟想要什么，怎么做才最好，然后不由自主地陷入后悔又自责的情绪之中，反而忽略、错过了现在的生活。

什么时候才能不后悔？

　　程成高考的志愿填报是他的舅舅帮忙选的专业和大学，他当时有自己的想法，但是都被父母驳回了。他在上学时总会想，如果自己当初坚持自己的意愿就好了，自己学得一定比现在好。

　　前段时间他毕业了，新找了份工作，但是这份工作他的父母并不满意，因为工作地点离家很远，可他最后还是坚持了自己的想法。但是真正开始工作之后程成又在后悔，如果自己的工作在家乡就好了，听家人的也许会更好……于是，他就越干越沮丧。

　　程成和朋友说，自己对未来完全没有信心，因为他感觉自己走的每一步都是错误的，好像无论如何，他都会为自己的做法后悔。

● 僵固型的思维模式，将矛头对准了过去

　　生活中有一些人，似乎在每一个阶段都在为曾经所做的决定后悔。他们之所以会这样想，与他们形成的僵固型的思维模式有关。他们意识到了自己现在的状态不够好，但是又不想承认自己的能力不足，于是就将过去的错误选择当作自己当前没能成功的借口，这是一种明显的逃避行为。

而且，随着他们生活经历的不断丰富，处理问题的能力不断加强，每当他们回忆起过去的处事方式和所做的决定时，总会觉得自己不够成熟，当时应该有更好的选择，这就很容易产生后悔的心理。可事实上，他们应该意识到，每一个阶段自己所做的决定，已经是那个阶段最好的选择了。毕竟，以现在的经验要求过去的自己，对后者不太公平。

• 历史终结错觉：人们往往会低估未来可能发生的改变

心理学家丹尼尔·吉尔伯特提出了"历史终结错觉"这一概念。它是指，人们倾向于认为他们在过去到现在有着比较明显的变化，但是他们会觉得自己在未来不会有明显改变的现象。

关于这一概念，有这样一个实验：研究者调查了 19 000 个人，让他们评估自己在过去十年里已经改变了多少，在未来十年里又将要改变多少。研究结果显示，人们都认为自己在过去十年发生了很大的变化，但都认为自己在未来十年里不会再发生什么变化。

历史终结错觉，就是让人们觉得自己已经成为必定要成为的人，自己的性格特征、个人喜好、价值观等，现在是什么样子，未来就一直会是什么样子，好像个人的历史终结在了现在。

而一个人当下所做的决定，会受到很多因素的影响，包括对未来情况的预测。可是未来是未知的，而我们又大大低估了未来可能会发生的变化，所以未来的实际情况很可能与预想中的不同，因此也就产生了后悔的心理。

• 如何破局

如何破除总是沉浸在过去而后悔、自责的状态呢？不妨试试以下几个方法：
1. 做决定时选择更能接受失败的那一个。

一般来说，当你纠结几种选择时，那就说明它们所带来的好处差不多。那不妨考虑一下几种选择失败后的结果，看看自己更能接受哪一个带来的痛苦，就选择它。如此，就不用在未来回忆时，经历难以承受的痛苦了。

2.学会接纳自己的不完美。

没有人是完美的，要学会接纳自己的不足，理解自身局限性，用客观的态度看待事件的发展。

3.寻找解决方法。

将注意力放在事情本身，而不是自己的做法和情绪上。与其纠结当初为什么会做错，不如想想接下来该怎么做，从中吸取教训，避免下次犯同样的错误。

5. 反刍思维：深夜里辗转反侧，回放日间的不如意

很多人正在受到反刍思维的困扰，深夜辗转反侧，脑子里总是回想着白天遇到的一堆事和人。想得越多，心越乱，焦虑到睡不着，直至身心俱疲。

所谓反刍思维，指的是一个人不可控制地反复关注自身的消极情绪及相应事件的思维方式。这是一种消极的思维方式，它非但不能帮助我们改变现状，还会使我们陷入无休止的精神内耗。

夜晚反复回想白天的事情以致睡不着

晚上，小雅已经放下手机，躺在床上将近一个小时了，可她仍然没有睡着。她不是不想睡，只是忍不住地在脑海里回想白天发生的事情和遇见的人，然后思考各种细节，反思自己是不是有哪里做得不合适。

她好像在脑海里放了场电影，看见白天的自己一个人去吃饭，坐在自己对面的几个人在窃窃私语。尽管她并没有听见对方说什么，但她就是有一种直觉，觉得对方是在说自己的坏话。她反复琢磨："他们为什么要看我？""当时他们说我什么呢？""我的表现是不是很奇怪？"越想她就越在意这件事，更加睡不着了。

• 无助感加重反刍思维

反刍思维的典型特征有，重复性：陷入反刍思维的人会不断循环式地回想起同一个问题，跟重复播放观看同一场电影一样；消极倾向：他们不断回想的内容通常是消极的，往往还会放大自己的羞耻、自我怀疑等负面情绪；无效性：反刍思维并不会给解决问题带来任何积极的效果。

反刍思维的无效性特征，会让认识到这一点的人倍感无力。因为反刍思

维涉及的问题是已经确确实实发生的事情，并且一个人不可能回到当时的情景中去改变什么，想的再多也只是空想而已。这种无可奈何的无助感，会再一次加重陷入反刍思维的人的焦躁和痛苦。

• 强迫思考与反省思考

有人说，反刍思维是消极的且有危害的，那我就完全不反思自己了吗？这样不会让自己难以进步吗？

事实上，反刍思维有两种类型，一种是强迫思考，一种是反省思考。前者是不受控制地使自己处于消极情绪之中，是负面的反刍；后者则是有目的地、积极地从失败的事件中寻找自己的不足，并避免让自己犯相同的错误，是积极的反刍。也就是说，反刍思维也具有积极影响的可能性。

二者的区别在于，强迫思考的人只会专注于已有的信息反复思考，并持续处于负面情绪之中，做无效的自我批判，而不会产生新的解决问题的思考方式。反省思考的人，则可以站在理性的角度，客观分析当中的问题，并产生新的有意义的思考及见解。

• 如何破局

如何破除反刍思维的负面影响呢？不妨试试以下几个方法：

1. 转移注意力。

停止对负面事件的回忆，做些其他的事情转移自己的注意力，以摆脱反刍思维。比如，看部影视剧，读一本书，甚至只是站起来喝一杯水等。

2. 设置反刍的时间限制。

你可以允许自己每天有 10~15 分钟的反刍时间，将自己想要回忆和后悔的事情都放在这段时间里去想，其余时间都先将反刍的想法放一放。你会发现，真的到了限定的时间，你反刍的冲动自然而然地减弱了。时间久了，你将不再依赖设定的反刍时间，因为很多想法都变得转瞬即逝，不再重要。

但是注意，尽量不要把这段时间设置在睡前，否则会影响睡眠，效果适得其反。

3.积极投身于日常活动。

专注于需要耗费你的精力的学习、工作和社交等日常活动，当你投身其中，自然就减少了过度自我反思的机会。

第四章

工作中的隐形内耗

1. 在电梯里偶遇领导，开始疯狂找话题

很多上班族，都害怕遇见一种非常尴尬的情况，就是在电梯里偶遇了领导。如果还是两个人单独的偶遇，那对上班族来说简直是上刑场一样。他们会在短短的几分钟里，疯狂地在脑海里寻找话题，以打破周围安静而尴尬的气氛。

与领导在电梯偶遇的焦虑

阿珍为了避开上班早高峰与公司领导和同事相遇，几乎每天都提前30分钟到公司。有一次她的领导也早到了，他们在电梯前相遇。从等电梯开始，阿珍的焦虑就没有停过，她一遍遍地在脑海里思考，自己到底是保持沉默，还是主动打招呼？打完招呼又该找什么寒暄的话题？问天气？问交通？问工作？好像都不太妥当。问多了怕领导烦，有些问题一两句就回答完了，又怕中途陷入沉默让氛围更尴尬。

阿珍独自进行着头脑风暴，还没等她想出个结果，电梯到了。她内心煎熬地想象了好几种不同的对策，结果还是一句话都没说出来。

• 领导代表的权威让人紧张

一个人害怕与领导在电梯里相遇，实际上是源于他对权威的恐惧。不管是公司的什么领导，他们都有自己负责的工作，而领导者本身就代表权威，能决定公司员工的很多事情，所以一般员工在遇到领导时感到紧张是很正常的。

若这种紧张并不会影响一个人的日常工作状态，那么它在一定意义上甚至是积极的。对权威的畏惧能够促使一个人更加认真地完成自己的工作任务，不仅有利于个人能力的提升，也能让公司的管理更加高效。

但是如果一个人对领导出现了刻意回避的行为，在面对他们时甚至产生了一系列的生理反应，如不自觉地脸红、出虚汗等。这可能会影响他们的情绪和社交关系，让他们难以在工作中与对方建立良好的合作关系。

· 电梯让人的安全距离受到挑战

美国人类学家爱德华·霍尔，将人与人之间的距离分为以下几种：

1. **亲密距离（45厘米以内）**。这是人与人之间最亲密的距离，一般只会出现在最亲近的人之间，而且大多在私人场合。

2. **个人距离（45 ~ 120厘米）**。熟人与朋友之间的距离，一般用于非正式的社交场合。

3. **社交距离（120 ~ 360厘米）**。用于处理非个人事务的距离，这种距离会给人一种安全感，一般都用于正式的社交场合。

4. **公众距离（360厘米以上）**。一般出现在演讲者与观众、明星与粉丝之间，一般适用于非正式的聚会。

人与人之间的关系亲密度不同，适当的交往距离也不同，如果贸然地打破适当交往的安全距离，人就会产生不安、反感等心理反应。陌生人之间的安全距离在1.2米之外，而电梯的空间距离却会将人们都拉近至朋友的安全距离之内，所以在电梯内与不熟悉的人独处时，感到不安是很正常的，尤其当这个人是平常就会让人产生紧张感的领导时，如果在电梯内遇见，很容易将人的不适和焦虑放大。

• 如何破局

如何破除在电梯里偶遇领导，就开始疯狂找话题的状态呢？以下有几个可供参考的意见：

1. 转变观念。

首先要转变自己的一个观念，要知道，领导也是一个普通人，是与你共同在公司上班的同事。他们同样需要在早高峰时与人拥挤着上电梯，因此完全没有必要过于紧张。

2. 主动打招呼。

你可以在遇到领导时主动打个招呼，如果对方回应就顺势聊聊天，如果没有，保持沉默也完全没有问题，并不需要多做什么。

3. 别害怕说错话。

在电梯里只有很短的时间，除非发生了某些极端的情况，否则很难给领导留下什么深刻的印象。所以哪怕有一次表现得不让自己满意也没什么关系。

2. 工作群里发消息，总怕出错

很多人在工作群里发消息前，每次都要斟酌好久，一句话编辑了又删除，再编辑再删除，连标点符号都要仔细检查好几遍才敢发出去，生怕出错。

这些人的自尊水平通常较低，缺乏对自我价值的信任，往往会把自己行为的结果往坏处想，所以就很容易对人际关系表现得过分敏感。本来一件很简单的事情，因为想得过于复杂，反而给自己造成了很多不必要的心理负担。这让他们正经历着职场中隐形的精神内耗。

为发一句话紧张到出汗

周五晚上，小万刚刚把工作对接完毕，同事让他直接把工作结果发在工作群里，这让小万一下子紧张起来。他思前想后、绞尽脑汁组织了一句话，刚在聊天框里写完又立刻删掉了，然后重新编辑了一次，翻来覆去地确认了好几遍，才屏住呼吸闭上眼睛，一鼓作气式地点击了发送。回过神来后，小万发现自己心跳快得厉害，浑身发汗，很久都不敢去看群聊界面。

过了一会儿，他忍不住看看有没有人回复，发现一直没人回复的时候，他开始后悔。忍不住反复地想："是不是我说错什么了？""这个时间发消息是不是太突兀了？"……

• **群聊里的印象管理**

所谓印象管理，又称印象整饰，是指人们试图管理和控制他人对自己所形成的印象的过程。印象管理的过程包括印象动机和印象建构，印象动机指人们想要控制他人对自己印象的意愿；印象建构指人们选择给他人留下什么印象，并决定如何去做。

人们通常倾向于，以一种与当前的生活情景相吻合的形象来对自己进行印象管理，以便能够收到他人的正面评价。而工作群聊是一种群体沟通的方式，群发言的过程就是一个人印象管理的过程，在群聊中的发言会让发言者担忧，自己的表达不当可能会为自己带来潜在的负面评价，不利于自身的印象管理。所以很多人就选择轻易不发言，从源头上切断这种问题出现的可能性。

适度的印象管理能够帮助人们更好地与他人交往，但是过度关注自身的印象管理，可能会使自己过于在意别人的看法，而在社会交往中处于被动。

• 聚光灯效应

"聚光灯效应"是心理学上的一个概念，也称"焦点效应"，是指人们总是高估他人对自己的关注程度，以为他人的目光都聚集在自己身上，因而把自己的行为表现过度放大。

有这种心理的人，常常害怕自己的一点点错误就会让别人永远记住，因而他们非常容易紧张、焦虑，并不断内耗自己。但事实上，在现实生活中，能够注意到他们的人比他们想象中要少得多，即便注意到了，也不会记住什么。

关于聚光灯效应有这样一个实验：研究者要求几名志愿者穿上让人尴尬的衣服，进入有很多人的房间。研究者询问他们，认为会有多少人注意到自己的衣服，他们认为会有 50% 的人注意到自己。然而事实是，只有 25% 的人注意到了他们。

聚光灯效应告诉我们，一个人非常在意的事情，其实别人并不在意。

• 如何破局

如何破除害怕在群里发消息会出错的内耗呢？以下有两个可供参考的方法：

1.避免过度思考。

这只是简单地发送一条消息而已，没有那么复杂和可怕，不要过度思考发送完消息的后续情况，发完自己该发的就结束。

2.明确自己所发信息的目的。

在发消息之前，先想一想自己发消息的目的，是为了与大家闲聊，还是仅分享某个想法等，如此可以帮助你更好地组织自己的语言，减少多余的担心。

3. 在公司干了很久，想涨工资又不好开口

想加薪，又担心，不好意思开口，这是很多职场人都遇到的问题，哪怕自己已经在公司干了很久。究其原因，可能是没有成功的把握、担心影响工作等。

作为公司员工，这件事确实让人纠结，因为员工与老板之间只是雇佣关系，而员工通常更加需要靠这种关系来支撑自己的日常生活。涨薪这件事充满了未知的因素，结果不好预料。人们一般都会或多或少地抵触难以预测的事情，这也是他们不好开口的原因之一。

想涨薪却不敢说

小李在公司干了三年了，每月工资6000元，前不久公司来了一个新人，工资却有8000元，这让小李心理很不平衡。

小李觉得自己主导完成了多个项目，无论是从资历，还是为公司带来的价值看，自己都应该涨薪了。他想申请涨薪，但是又不敢提，担心不顺利的话会让老板讨厌自己，还影响自己工作。所以，他就这样纠结了两周，一直也没有做决定。

• 涨薪不敢说，是对被拒绝的恐惧

一个人在提出涨薪的申请时，就是在潜在地要求对方给予肯定或否定的答案，在这两种答案中，很多人会不自觉地担心收到否定的答案，因为被拒绝可能会给他带来很多负面的连锁反应。比如，老板会不会因此讨厌我？同事会不会因此嘲笑我？等等。

而且，无论是在生活中，还是在工作中，被别人拒绝都会让人心里产生

一种挫败感和尴尬感，可能会导致他们失去对工作的热情，并对自己的能力和价值丧失信心。在提出涨薪失败后，可能会出现负面反应的预测，更加让人害怕这件事。

因此，想要涨薪又不敢开口是一种很正常的现象，毕竟一般人都会尽力在一些事情上避免自己出现被拒绝的情况。

• 登门槛效应

心理学上有一个"登门槛效应"，又被称为"得寸进尺效应"，它能帮助人们减少自己被拒绝的可能性。

有心理学家认为，在一般情况下，人们不愿意直接答应较高的要求，因为那复杂又费力，但是却乐于接受小的、易完成的要求。而登门槛效应就是指，一个人一旦接受了别人的一个小要求，为了避免认知上的不协调，或不想打破之前给他人留下的印象，其接受更大要求的可能性会变高。因为，每个人在潜意识里都有维持自己的良好形象的需要。

关于登门槛效应有这样一个实验：研究者派人随机拜访一组家庭主妇，希望她们将一块小招牌挂在家里的窗户上，由于这件事对她们来说很好完成，所以她们基本上都同意了。过了一段时间，研究者又要求这些家庭主妇，将一块大而且不美观的大招牌摆放在庭院里，结果有超过一半的人同意了。研究者同样要求一组没有提前拜访过的家庭主妇这么做，结果只有不到 20% 的人同意了。

• 如何破局

如何破除想涨工资又不知道怎么开口的状态呢？以下有几个可供参考的方法：

1. 对自己的工作进行总结。

有涨工资的想法时，要先将自己已有的工作优势或突出贡献，包括某些还需要进步的地方做好总结，以便在合适的时机有相应的说辞，应对领导的提问。

2.侧面询问涨薪制度。

在直接向领导提出涨薪之前，可以先侧面向领导了解一下公司的涨薪制度和所需条件。这样既能让自己为涨薪做相应的努力，又能让领导产生主动给你涨薪的意识。

3.谈涨薪时谈未来。

比起员工过去给公司带来了怎样的收益，领导一般更关心的是他未来能给公司带来的回报。因此在提涨薪时，要着眼于未来，比如说自己如果能够成功加薪，会在未来为公司创造更多的价值等。

4. 冗长而复杂的流程，在协调和沟通中耗费大量精力

很多公司的本意是为了管理的方便和严谨而增设各种流程审批，比如财务报销、外出报备等，但有些流程冗长而复杂，缺乏合理性和科学性，往往会导致工作重复、资源浪费等情况出现。

而且，当工作流程中缺乏明确的职责划分和标准化的操作指南时，为保证工作的顺利进行，员工之间还可能进行大量的、额外的协调和沟通。这些流程反而成为内耗滋生的载体，员工将精力都耗费在此处，很难高效地完成工作。

过多的会议成了工作内耗的"利器"

小许所在的科技研发项目中，领导非常追求团队的统一性，为此设定了很多细枝末节的规定，并频繁地召开会议以确保每个人的工作都与其他成员无缝衔接。但是，这样的做法很快出现了弊端。

项目启动的几周后，小许发现他们的大部分时间和精力，都用在了开会和各方沟通上，真正用于研发的时间少之又少。而且在会议上的问题讨论，也总是变得冗长而低效，项目的关键节点被一次又一次地推迟，每次推迟又都会带来新的沟通和协调的问题。这让原本计划四个月完成的项目进度严重滞后，最终耗时半年才完成。

• 流程是怎么变得复杂而冗长的

很多公司的领导一直致力于将制度的设置做加法，让公司管理制度变得越来越多。这一方面是因为领导想通过全方位的控制，来掌握公司更多精细的数据，比如各个部门的绩效完成情况、收款数据、客户量等，以此来获得掌控感。

　　为了保证这些数据的准确性，从员工个人统计数据，到部门主管审批数据，再到公司负责人复查数据，一系列流程下来，一步都不能少。员工的工作量因此层层叠加，各种隐性的、职责之外的任务，对员工来说，既没有收益又浪费时间和精力。

　　另一方面，与公司将制度和流程卡得太死有关。有的公司过于看重满足流程的要求，容错率太低，导致一套流程中，只要有一点点差错，就直接在那里卡住，接下来的工作都很难进行下去，任务的完成也变得低效。这就让公司制度的设计本末倒置了。

• 协作过载加大精力的消耗

　　协作过载指的是，团队中的成员因为过度的协作，而导致自己缺少时间和精力专注于自身职责的现象。这告诉我们，在工作团队之中，成员之间并不是进行越多的协调与沟通，越能带来良好的合作效果，适度的协作有益于提高团队效率，协作过载却会反噬协作意愿，进而反噬协作效率。

　　当团队成员被繁杂的沟通信息所包围时，他们的精力不可避免地从核心工作任务中分散，也就有可能导致自己的实际工作效率降低。这时，团队成员会陷入一种"忙且无用"的状态之中。而且，协作过载甚至会影响整个团队工作任务的成功完成。

• 如何破局

　　如何破除在复杂的流程中消耗精力的状态呢？以下有几个可供参考的方法：

　　1. 对工作进行排序。

　　试一试对工作任务进行优先级的排序，设定下一阶段可以完成的目标，以及要解决的问题，让自己看到完成最终任务前的阶段性成果，从而提升自身成就感。

2.给工作制订时间计划。

给自己的工作任务制订合理的时间计划，并按照计划去执行。在执行期间，要优先处理重要且紧急的工作，避免被琐碎而繁杂的事务侵占原本已计划好的时间。

3.适度休息放松。

要保证充足的休息时间，偶尔做一些自己喜欢的事情，比如，运动、旅行等，以缓解工作带来的压力和补充因工作消耗的精力。

5. 加班到感动自己，总觉得自己没有功劳也有苦劳

生活中有很多人会因为加班而陷入自我感动。自我感动就是指，在没有外界表扬或鼓励的情况下，自己对自己的行为感到满意和赞赏，从而产生一种内心的愉悦和满足。

过度的自我感动可能会导致一个人的盲目和自满。这样的人在感动自己的同时，往往会觉得自己的付出也应该感动别人，一旦现实情况没有满足他们的期待，他们就会陷入失落、委屈、不甘等负面情绪之中，进而对周围人产生抱怨、疏离等行为。

加班未加薪

小语是办公室里加班最多的一个人，总是最早到公司，又最晚离开。刚开始领导看着她这么努力工作的样子，十分看好她。但是工作了两年，小语的文案和策划除了样式上变得好看了些，内容上几乎没有任何提高。

有一年年底，公司准备给一批人涨薪，小语信心满满地认为自己是最努力的一个，肯定会在其中，但是结果事与愿违，涨薪名单上没有她的名字。她不禁气愤地去质问领导："我都这么努力了，为什么还是得不到回报？"领导只问了她一句："你努力，你加班，那你的业绩呢？"小语忍不住反驳道："没有功劳也有苦劳啊……"

• "没有功劳也有苦劳"并不是一种赞赏

如果一个人将"没有功劳也有苦劳"这句话，当作反驳他人的依据，就说明他将这句话当作一种认可和赞赏自己的评价。可实际上，这种评价还有一层隐含的意义，即"你付出了很多努力，但是仍然没有取得实际上的成果"。

可是对于职场上的人来说，升职加薪的依据一向是实际的成果和业绩，只有这两者才能证明一个人的能力和价值，并让他们受到公司领导的认可。光是"苦劳"而没有"功劳"，从结果上来看，基本没有什么效果。

而且，很多人似乎都容易陷入这样一个误区：我这么努力，就应该得到回报。其实，这是因为他们忽略了自我感知的主观性，并将其与客观事实混淆了。也就是说，他们在旁人看来并没有自己想象的那么努力，甚至与他们自我想象的状态截然相反，别人自然也无法理解他们的"苦劳"了。

• "适度"自我感动的优势

自我感动，并不全然是消极的结果，适度的自我感动有利于调节情绪和缓解压力。人在面临生活中的各种压力和挑战时，会有得到支持和认可的需要，而自我感动，是最方便获得这种感受的行为。它能够让人的情绪从压力中恢复积极的状态。

而且，自我感动会让一个人对自己的努力和成果感到满意和骄傲，这在一定程度上提高了他的工作热情、工作效率和质量。

• 如何破局

如何破除加班的自我感动呢？以下有几个可供参考的方法：

1.树立"加班是能力低下"的意识。

正常的工作状态绝对不是自我感动式的拼命加班，如果加班加得多了，问一问自己：是不是自己的工作方式有什么问题，导致了工作效率的低下？加班真的有对自己的工作质量的提高有所帮助吗？

只要你开始意识到"加班是能力低下"，你就会下意识地让自己改变。

2.将工作看作学习知识的课程。

把你现在的工作看作能够让自己获得提高的课程，比如锻炼自己与人交往的能力、学习新的技能等。这样的想法会促使你关注工作的质量，然后去做重要且能够获得锻炼的工作。

3. 以结果为导向，关注工作的价值。

收到工作任务时，要明确自己将在多长时间内做出什么样的效果，而不是关注自己的努力有没有被别人看到。如果在完成的中途发现效果不好，要停下来调整一下做事的方法再前进。

第五章　**破坏战斗力的团队内耗**

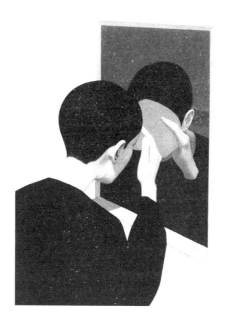

1. 分工不明确时，团队成员互相扯皮

在一个团队中，如果各岗位的工作职责缺乏明确的分工，其责权利益均不清晰，很容易出现各部门、各岗位以不明确自身工作内容为由，互相扯皮的现象。

"这是你的工作，我不管"

前段时间，领导分配给小胡一个任务，由小胡负责项目中的一部分，这部分刚好需要跟平级的同事及跨部门的同事沟通、合作。但是小胡的领导并没有对他们具体的工作职责，做出清晰、明确的划分。

项目的一部分内容需要同事完成，小胡告知对方后，对方却和他说："这是你的工作，我并不需要参与。"在与跨部门的同事沟通任务时，对方也一直推诿，说自己还有别的工作要忙，让他去找别人。这使得项目进展十分不顺利。

• 社会惰化效应

社会惰化效应指的是，群体一起完成一项任务时，其各个成员所付出的努力比单独完成任务时偏少，且积极性和效率也会有所下降的现象。

造成这一效应的其中一个原因就是不公平感。人们通常习惯于将自己的付出与所得相比较，同时也比较别人的付出和所得。如果觉得结果是公平的，

那么他们的表现就是积极的；如果觉得不公平，比如看见了别人懒惰的行为却收获了与自己相同的奖励，那么他们可能就会降低自己的努力程度，以平衡内心的不公平感。

尤其当一个人在团队中工作，发现自己的努力程度并不能决定自己的所得，还要受到团队中其他成员的影响时，因为害怕自己努力的成果被均分给别人，就会产生社会惰化。一般团队的规模越大，社会惰化的现象就越明显。

另外一个原因就是，一个人作为团队中的成员之一，他意识到了自己的行为不会被单独评价，因此自己就有机会偷懒或犯错。而评价焦虑的大幅度减弱，也让这个人为工作做出努力的欲望下降了。

• "旁观者效应"与"华盛顿合作定律"

旁观者效应也被称为责任分散效应，指的是，如果一个人被要求单独完成某一项任务，他的责任感就会很强，从而做出积极的反应，但是如果他被要求在一个群体中与其他人共同完成这项任务，那么在这个群体中，每个人的责任感都会减弱，遇到需要担责的情况时一般会向后退缩。

因为前者需要个人承担全部的责任，而后者则是，全部的责任被群体里的每个人分散了，也就导致每个人都希望别人能够承担更多的责任。在这种责任被过度分散的环境中，群体的合作往往是失败的。这也是华盛顿合作定律的心理学基础。

华盛顿合作定律指的是，一个人敷衍了事，两个人互相推诿，三个人则永无事成之日的现象。这一定律的启示是，团队合作的重点不在人数的多少，也不在力量的大小，关键是要有合理、明确的分工，以及团队成员能够目标一致地进行合作，才能使合作达到最大化的效果。否则，一切都无从谈起，甚至还会产生不必要的损失。

- **如何破局**

如何破除团队互相扯皮的情况呢？以下有几个可供参考的方法：

1. 明确成员工作职责。

不管在哪个项目中，在工作之初就要制订好团队的工作计划，确定并公布团队的具体分工，与大家保持好各司其职的默契，避免之后互相推卸责任的情况出现。

2. 及时反馈工作情况。

灵活运用项目管理工具，及时向团队其他成员反馈和跟进项目进度，保证项目流程透明化和公开化。

3. 设置评价和奖励机制。

评价机制要秉持公平、公正、公开的原则，要给表现好的成员以奖励，以激发团队成员的积极性和创造力，并提高团队凝聚力。

2.为了个人利益明争暗斗，钩心斗角

职场中同事之间有合作，必然也有竞争。毕竟升职的时候，经理的位置只有一个，你想当经理，我当然也想。当大家都想往上走时，如果明面上的力量都用完了，暗地里的较量就会占据上风。

为了最后能够胜利，同事之间必然会有一番激烈的角逐，为此大家往往都会绞尽脑汁。但这样的钩心斗角总是会让人感到疲惫不堪，因为各种套路让人防不胜防。

暗地里的"阴招"

张可和苏华是同一公司的两个部门经理，他们两个带着各自的团队要合作完成一个项目，并竞争一个部门主管的位置。

在项目执行的过程中，张可为了从竞争中胜出，总是故意拖延工作进度，不及时给苏华提供重要的资源和信息，甚至还试图破坏他们的工作成果。面对张可的恶意竞争，苏华见招拆招，但有时也防不胜防，会着了对方的道。这让他每天都感到非常焦虑，被对方的"阴招"折磨得够呛。

• 螃蟹效应

在竹篓里放一只螃蟹，需要盖上盖子，以免螃蟹跑出来，可是如果在竹篓里放很多只螃蟹，就不需要盖盖子了。因为当一只螃蟹踩着其他螃蟹往上爬时，在它下面的螃蟹就会拉扯着它下来，自己爬上去。如此循环往复，最后没有一只螃蟹能够爬出去。这就是"螃蟹效应"。

因为个人利益而出现明争暗斗的行为，其实是"螃蟹效应"在职场中的表现。螃蟹效应告诉我们，钩心斗角往往不能解决问题，因为当每个人都将自己大量的精力用来拉踩对方时，只能彼此掣肘，最后谁也不会有所收获。

• 趋利性让钩心斗角更严重

每个人在选择一件事情要不要做的时候，他们的决定都是趋利避害的。他们会首先考虑做这件事情是否会给自己带来好处，有好处才会去做，没有好处就不做。人们做事情时总是朝着能够让自己利益最大化的方向前进。

而职场上的好处和利益，比如加薪的名额、晋升的岗位等都属于有限资源，做不到平均分给每一个人，所以大家都想得到最多、最好的利益，就必然会产生纷争。

职场中因利益冲突而产生的竞争，主要有三类：一是职位的竞争，两个人都想做主管，那么在平时排挤掉对方，自己的胜算就大了；二是地位的竞争，两个人都希望自己能够比对方更受欢迎，在公司的地位更高，所以会抹黑、陷害对方；三是金钱的竞争，两个人都希望自己能够获得更高的工资，所以在工作过程中会给对方使绊子。

• 如何破局

如何破除团队内钩心斗角的负面影响呢？以下有几个可供参考的方法：

1. 保持中立态度，不参与但要防备。

在职场中，不要轻易拉帮结派地进入某个小团体，只有在真正关系到个人利益和职业发展的问题上才需要坚决地表明自己的态度，其他时候可以保持中立，对谁的态度都不错，让谁都不能挑出你的错，适当地装傻，避免卷入无谓的纷争。当然，不参与纷争，但也要多个心眼，防人之心不可无。

2. 寻求上级支持。

当你在职场中已经深感钩心斗角的困扰时，不要犹豫，记得寻求上级的支持。上级通常有更加全面而开阔的视角，能够帮助你更好地解决问题。平时可以与上级保持经常而积极的沟通，方便遇事时寻求对方的帮助。

3.适当运动。

运动是缓解焦虑与疲惫等负面情绪的良好方式，当你因同事的钩心斗角而困扰时，不妨将空余时间交给运动，比如打羽毛球、跑步、游泳等，以缓解自己负面情绪积累的压力。

3. 小道消息流行，当说不说，背后乱说

看到几个同事走得近，就说他们搞小团体；知道谁被领导提拔了，就说他和领导关系不一般……总有些人热衷于传播小道消息，不管该说的还是不该说的，真实的还是瞎猜的，都乐此不疲。

信与不信

在公司的茶水间，小满正偷偷和同事说："没准儿半年内我们公司就会经历一次并购，也许会被卖掉呢，我就告诉了你一个人哦，别和别人说。"原来，小满已经不止一次在无意中看到老板和他的竞争对手开会了。这让小满怀疑，公司是不是要有大的变动。

小满越想越觉得不对，这才把自己的猜测和关系亲近的同事说了。不久后，小满的猜测就传遍了公司，而且其内容还越来越丰富和完整，这让公司的很多人都相信了这些流言。后来老板出面澄清，说没有这回事，但是大家仍然心存疑虑。

• "信息不对称"惹的祸

信息不对称是指，在交流过程中，双方拥有不同的信息和知识水平，导致信息的获取和传递出现不平衡的情况。其中一方可能对某种事物或情况有更多的了解，而另一方却不能完整、准确而及时地接收信息，因此导致相应信息的缺乏。这种信息的不对称性可能出现在各种场合之中，很容易导致交流双方的信息出现误解、偏差等问题。

因此，当公司内部的权威信息存在缺失、滞后等情况时，人们总是更容易相信小道消息。他们会认为小道消息往往传递的都是上级领导不愿意、不敢

传播的信息，而小道消息的获得会让他们产生一种"打破了信息差"的优越感，从而很容易失去对信息的理性判断。

但是，小道消息在传播过程中，每经过一个传播者，他们都可能根据自己的偏好，不自觉地对信息进行想象和加工。因此，小道消息往往与事实相去甚远，在接收时要仔细加以甄别和判断。

• 正面沟通打破信息壁垒

正面沟通就是保证信息分享的"透明度"，弱化对信息本身的主观臆断，保证信息的真实性和客观性的一种方式。有研究表明，内部信息越公开透明，越能有效避免小道消息的传播。

正面沟通要求我们，不要用自己的猜测代替对方的真实想法。人们总是有一个习惯，在没有完全了解对方的想法时，会凭借自己的猜测去主观地判定对方的想法，所以有时候会出现"我以为你是这么想的"这样的问题。如果自己仅凭猜测，就将信息传播了出去，那就形成了谣言。所以，哪怕自己在心里已经把对方的想法猜测得差不多了，也要再和对方确认一遍。

另外，不要回避正面的谈话，即便是负面的反馈。在工作中，直接、正面的谈话能够节省很多时间成本，提高谈话的效率，还能保证传递信息的准确性。不要害怕自己与团队其他成员的想法不同，哪怕是负面的反馈也可以直截了当地当面说明。否则，事后才指出别人的错误可能会影响双方的关系，对事情的解决也没有任何作用。

• 如何破局

如何破除团队内小道消息流行的负面影响呢？以下有几个可供参考的方法：

1. 相应信息公开透明。

界定好什么信息是需要并可以完全公开的，保持这部分信息的公开透明，比如，晋升机制和项目完成进度等。

2.统一沟通工具和信息发布平台。

信息沟通平台的使用需要公司内部统一，比如企业微信、飞书等。如果不同成员使用不同的信息沟通平台，就会形成信息隔阂，难以做到信息的公开透明。

3.个人谨言慎行。

对于确定的消息，有选择性地说，对于不确定的消息，则完全不要传播。

4.设立员工疏导机制。

可以定期组织团队成员的反馈大会，或建立匿名的发声渠道，让大家的情绪得到公开的发泄，避免负面、虚假消息的传播。

4. 不放权，不信任，根本没有办法放开手脚工作

在职场上，团队是一群人为了共同完成一个任务而建立的，团队成员各司其职、彼此配合，才能达到最好的效果。

可是有些人遇见的团队领导者，虽然将工作委派给了员工，却总是不放心，仍然过分监督、不放权也不支持他们的工作，导致他们工作起来束手束脚，如履薄冰，根本不能充分发挥出自己的能力，工作业绩也无法提高。然后他们就开始陷入焦虑、内耗的状态。

团队的信任危机

王彪是公司某项目的负责人，平时工作尽职尽责，公司员工都对他很认可，除了他所带的项目组成员。

因为王彪对项目组成员缺乏信任，他在日常工作的大小事务上总是亲力亲为，有什么工作都不想安排给团队成员去做，而是自己干。而且他一天要开很多次会议，原因是担心员工做得不好，或是担心员工在汇报工作时不据实相告。王彪不知道放权的意义，其事必躬亲的行为，让整个项目组的大部分时间都在"内耗"，项目组成员根本没有办法放开手脚去做，以至于使工作增加了很多阻碍。这让项目组成员都有些抵触他。

• 信任，是团队合作的基础

有些管理者似乎在心里默认，员工缺少自主完成任务的驱动力，于是他们就通过各种监督和管理方法来干预员工的工作。殊不知这种不信任的态度，正是打击员工积极性和团队士气的罪魁祸首。

信任，是团队合作的基础。一支不能相互信任的团队，是没有凝聚力的

团队，也是没有战斗力的团队。一切管理都应该始于信任，建立信任是管理和领导的起点。而领导者对员工的合理放权，正是双方建立起信任的表现。

放权就是指，领导者将权力分派给其他人以完成特定活动的过程，它允许下属自己做决策。对于被放权者来说，放权这一过程代表自己的能力受到了认可，这会让他们产生强烈的自信心，从而为实现团队共同的目标而更加努力工作。

• 人际期望效应

人际期望效应也叫罗森塔尔效应，这是一种社会心理学效应。它指的是，人们对其他人的行为和表现，所得出的期待，能够反过来影响这些人的行为和表现的现象。

关于这一效应有一个实验：研究者来到一所学校，要求校长告诉两位教师，他们是本校最优秀的教师，而接下来一学期，学校将给他们分配一些智商高于普通孩子的学生，让他们为这些学生上课，学校相信，有他们这样优秀的老师和优秀的学生在一起，他们只会变得更加优秀。但是学校还告诉老师们，无需对那些孩子有什么特殊照顾，只要平常教学即可。

结果一年后，这两个班级的孩子的成绩是全校最好的。后来老师才知道真相，他们两个并不是全校最好的老师，只是学校随机抽取的，那些孩子也是一样。

从人际期望效应中，我们可以知道信任和期待是一种力量，它能够改变人的行为表现。所以，当领导者对团队成员充满期待和信任时，团队成员也将被激发工作的积极性和创造力，更好地完成任务。

• 如何破局

如何破除领导者放权不足的状态呢？以下有几个可供参考的方法：

1.第一时间索取合理权限。

当你接到任务时，要第一时间和领导表明，自己非常重视这件事情，很想把它做好，并且思考了一下，做这件事情需要什么样的资源，又需要得到哪些决策的空间等。接着还可以说，如果得到了这些，自己将会在效率上提高多少，会减少什么损失，等等。向领导充分表达你的想法，仔细分析利弊，也能增强他对你的信心。

2.履行承诺。

在团队中，要遵守自己的承诺和责任，保质保量地完成工作，这样能够增加别人对你的信任。

3.共同解决困难。

自己面临困难时，要积极寻求团队其他成员或领导的帮助，别人有困难时也要积极帮助对方，在相互支持中共同解决困难。这样能够让别人看到你工作的态度和能力，也能增强团队的凝聚力和信任度。

第六章　　亲密关系中的内耗

1. 面对喜欢的人，不敢表白又怕错过

追逐爱情是需要勇气的，告白一直是一件难事。当我们面对心动的人时，总会不自觉地小心翼翼，缩手缩脚，无法轻易说出那三个简单而又重要的字，生怕自己被拒绝。但如果迟迟不表露自己的情感，就可能会错过跟对方共度一生的机会。

朋友以上，恋人未满

吴怀在朋友的生日聚会上遇见了邵小姐，对她一见钟情。他还记得那天晚上邵小姐穿了一袭蓝裙，气质优雅，并且谈吐风趣。当时吴怀并没有留下邵小姐的联系方式，但事后他又去找朋友要了联系方式。朋友对他说："喜欢就主动出击呀。"吴怀有点不太好意思："我也不知道怎么回事，在她面前就很拘谨。"

后来吴怀借工作上的事有意地接近邵小姐，慢慢地相处成了朋友。两个人保持这种状态有半年多了，吴怀的朋友都着急了："你怎么还不告白？你就不担心她喜欢上别人？"吴怀摇了摇头："你知道我上一段感情很失败，而且我担心我贸然告白，连朋友都做不成了。我感觉我现在还不够优秀，万一她看不上我呢？"

- 下意识的心理防御

在人际关系中，为了让彼此之间的情谊更进一步，表明自己的心意是一种重要的表达方式。在爱情中也一样，表白代表着两个人的感情进入了下一个阶段。如果我们因为害怕被拒绝而迟迟不敢表白，其实是下意识产生的防御机制。

我们身上都存在着社交属性，需要在情感的交流中获取认同，对爱情的需求也是自然产生的。但由于我们过去被伤害的负面经历，就有可能会产生恐惧心理，这致使我们害怕被拒绝，不敢轻易表露自己的感情。

如同故事中的吴怀一样，他喜欢邵小姐，但因为过去的经历，就变得更加胆小了，不敢表白，只能小心维持着两人的朋友关系。因为害怕失去现有的关系，担心表白会让彼此之间感到尴尬和不舒服，就选择待在自己的防御范围内，压抑表白的想法，维持现状。

- 低预期的自卑心理

表白是为了获取满意的结果，跟对方在一起，而不想被拒绝。如果预期好，就有可能会表白，而预期不好，就会放弃表白。也就是说，当我们觉得对方会拒绝自己的时候，就不会去表白，因为不想失去继续交往的机会。

而自我评价较低的人，往往会对事情的发展抱有消极的想法，会降低对成功的预期。因为自卑，即使再面对成功率比较高的决策时，都会放大自己不利的因素，比如认为自己不够好、不够吸引对方，让自己的预期一再降低，不敢做出行动。

也许在双方交往的过程中，随着两人逐渐加深了解，读懂对方积极的暗示，才有可能鼓起勇气进行表白。

• 如何破局

在喜欢的人面前左右为难是很正常的一件事，如果迟迟不敢表白，可以尝试下面这些方法：

1. 表白的方式含蓄一些。

如果不知道该如何用语言表达自己的心意，也可以用比较传统的方式，比如写信、写情书、传纸条等，表白者可以更好地组织语言，让对方感受到我们的真诚。

2. 意识到被拒绝是很正常的一件事。

这并不代表我们自身的价值低或魅力不足。每个人都有自己的择偶标准和偏好，拒绝并不一定是因为我们不够好，而可能只是单纯因为对方对我们没感觉。爱情是双方互相匹配的结果，而并非我们一个人的责任。

3. 适当试探对方的心意。

比如约对方单独吃饭、游玩，观察对方对待这种约会的态度。或者可以经常发消息，看对方是否能及时回复，语气是否是积极的、欣喜的。

2. 不敢表达自己的需求，却又怪恋人不懂自己

　　我们带着美好的憧憬走进爱情，总认为相爱的两个人，就算自己不说什么、做什么，对方也能对自己的想法和需求心知肚明。但经过真正的相处后，才发现未必如此。这种默契和了解，是需要长时间的沟通和磨合的。

　　心理学上有一种倾向叫作"透明度错觉"，指的是人们会高估自己对他人的情绪和心理状态的了解程度，同时也会高估自己的心理状态被别人了解的程度。通俗来讲，就是我们没有想象中了解别人，别人也没有想象中了解自己。这种倾向也会致使恋人在沟通中出现问题。

你不说，我不懂

　　白玲玲的男朋友在互联网公司上班，是个程序员，属于典型的"直男"。白玲玲总觉得他揣着明白装糊涂，但看他认真的样子，又不像装的。

　　有一次下班后突然下起了很大的雨，但是白玲玲没有带伞，于是她给男朋友发了消息："外面突然下了很大的雨。"男朋友没一会儿就回复了："是啊，真的很大。"白玲玲没有等到男朋友别的回复，于是提醒道："你说我是打车回家还是坐地铁回家？"男朋友很认真地回复说："打车吧，方便一点，也不容易被雨淋。"此时白玲玲忍无可忍了，生气地发消息说："你就不能开车来接我吗？让我冒着这么大的雨回去！"男朋友这才意识到，立马回消息："原来你是这个意思，你早说啊，我下班就过去。"

• 先入为主，认知偏差

　　在一段感情当中，当我们想要确定对方对自己的了解程度时，可能会先

入为主，把自己的经验放到别人的身上。比如，因为我们心思细腻，能察觉对方的情绪，就先入为主地认为对方也会这样对待自己，但不是所有人都会察言观色。

而且，我们从自己的感受出发，把自己放在第一位，别人却远远不会有这么高的重视程度。这种错觉和认知偏差的出现，就可能会让感情中双方的想法不一致。

就如故事中的白玲玲，她先入为主地认为男朋友能够明白自己的话外音，能够主动满足自己的需求，但是对方的思维就是很简单：你不说，我就不知道。这种落差感，很容易给白玲玲带来失望。

• 沟通决定了解的深度

在大部分情况下，男人和女人的思维方式是截然不同的，男性可能习惯用理性的眼光去看待事情，很少会深究某些话或者某个行为背后到底有什么深层含义。而女性相对情绪化，哪怕是一件微不足道的小事，也会自动"脑补"出背后的含义，甚至在心里上演一出大戏，质疑对方是不是不爱自己了。

这就是缺乏沟通造成的误解，这些误解会变成感情发展的阻碍。就好像明明心里有对方，但说不出口，就被误解为漠不关心；明明想跟对方道歉，但口不对心，一开口就引起了对方的不快。

我们大部分人都喜欢在感情中表现得更含蓄，自己的烦恼和付出，总是说不出口。心思细腻的伴侣会察觉我们的辛苦，但如果是粗心的伴侣，可能会茫然不知。只有沟通才会进一步加深彼此之间的了解，消灭恼人的胡思乱想。

• 如何破局

不敢表达自己的需求，但又想让对方理解自己，该怎么做？以下几个方法可以尝试一下：

1.及时表达自己。

当你觉得自己受到伤害，情绪不佳时，最好及时表达出来。即使是当时时机不恰当，也要找机会私下向伴侣吐露。

2.只表达事实，不情绪化。

对于伴侣之间的事情，只描述事实，不扩大，不升级，不做出臆想中的判断。比如对方没有及时关心自己，那就只说这件事，而不升级为"你都不关心我，肯定不爱我了"。

3.平等沟通，换位思考。

不必对对方要求过高，换位思考一下，每个人都会有所疏忽。

3. 信息没及时回，怀疑对方不爱自己了

不知道从什么时候开始，逐渐流行起了一种说法：不"秒回"信息的人，就是不够爱。仔细思索一下，也觉得有些道理，连和自己聊天都不够热情的人，怎么会花更多心思在自己身上呢？但爱不爱一个人，真的能只凭借回信息的速度来确定吗？

不回消息 = 不爱了

程欣跟男朋友刚在一起的时候，两个人都是"秒回"消息，就算是洗澡，也会想办法擦干净手回消息。现在两个人在一起两年了，程欣逐渐发现男友回消息越来越不积极了，甚至过几个小时才发一条消息过来。

一天，程欣工作上遇到了很多不顺心的事，刚穿的新裙子也不小心泼上了饮料，裙摆上的一大块污渍很难洗掉。于是程欣难过地给男友发了消息，想让男友安慰自己，可是程欣等了半天也没有等到男友的回复。一个小时之后她才收到男友的信息："没关系，洗洗不就行了？"程欣一下就"炸"了，男友不仅不哄自己，还这么久才回消息。她越想越气，甚至开始怀疑男友不在乎自己，也许还喜欢上了别人。

• 焦虑型依恋风格带来的不安全感

英国精神分析师约翰·鲍尔比提出了依恋理论，在生命的早期，个体会靠近父母或者养育者来获取安全感。孩子能否在依恋中获取足够的安全感，会形成不一样的依恋风格，并且会延续到成年后的亲密关系中。

焦虑型依恋就是没有获得足够的安全感，那些父母的关注和爱护对于他们来说若即若离。所以这类人对亲密度的要求很高，在确定了恋爱关系之后，

焦虑型依恋风格的人会主动把握恋爱的节奏，并且也希望对方跟自己的节奏保持一致。

"粘人"就是最明显的表现，他们喜欢频繁地打电话、发消息，想时时刻刻掌控对方的状态，时时刻刻确认对方是在乎自己、爱自己的。这种高频率互动的背后，其实就隐藏着他们的焦虑和不安，害怕自己又被抛弃，害怕得到的爱又溜走了。

故事中的程欣就是在感情中缺乏安全感的一方，她希望男友能时刻关心自己、关注自己，接受不了对方的忽视和冷漠，所以她才会患得患失，甚至产生猜忌。

• 恋人之间也需要空间

心理学家认为，每个人都需要有独立的"空间"，把个体和外在环境分开，让个体在"空间"中充分感受自己，个体可以在"空间"中进行回忆和创造，也可以用自己的方式处理负面情绪。有了它，我们才不会被过分侵扰，拥有一种自我的存在感。

情侣之间的"私人空间"与此类似，情侣双方都希望能有自己的空间做自己的事情。就像自己发信息的时候，对方可能就在做自己的事情，而我们如果强硬要求对方时刻"秒回"信息，就是在挤压对方的私人空间。

但恋爱中的一方，往往想要了解另一方的一切，想擅自抹去空间之间的界限，完全共享彼此的空间。这体现了爱的一种表现，一种渴望与对方融为一体的本能，但这种本能与有空间、有界限的正常需要相矛盾。

• 如何破局

对方不回消息，我们胡思乱想怎么办？可以试一试下面的方法：

1. 与另一半事先沟通好，不要随意猜测。

两个人可以先约好，如果比较忙，可以提前说，并约定好下次沟通的时间。比如："我马上要开个会，可能会比较忙，晚上再给你打电话。"

2.保持忙碌和专注。

将注意力转移到其他事情上，让自己保持忙碌和专注。做自己喜欢的事、与朋友相处、追求个人兴趣爱好等，这样可以减少对对方的过度关注。

3.调整自己的期望。

认识到并不是每个人都会立即回复信息，这是正常的。调整自己的期望，不要对对方有过高的要求。

4. 感觉自己付出很多，对方却不领情

因为爱，所以很多人会心甘情愿地付出，甚至不讲条件，只为让对方能够更在乎自己、更爱自己。但有时候总会事与愿违，对方可能不仅不领情、不感激，甚至还可能会百般嫌弃，恨不得避而远之。

喜欢付出的那一方其实是渴望强烈的情感支持，当他们没有被满足时，就会把自己的情感需求投射到亲密的人的身上，用强烈的付出，换取对方情感上的回应，让自己的内心获得象征性的满足。一旦付出得不到回应，就有可能引发矛盾。

一厢情愿，费力不讨好

林妍很爱他的男朋友，所以付出很多，经常给他做饭，还把家里打扫得干干净净。但是做了这么多，男朋友好像没有看见一样，不仅没有感受到他的感激和回报，有时男朋友还会说她做得太多了。

有一天，林妍做完饭很累，男朋友说了句哪个菜做得不好吃，林妍就跟男朋友大吵了一架，两个人不欢而散。后来男朋友主动过来哄林妍，他说："如果做饭让你不开心，你就不要做了，我不希望你不开心地做饭给我吃，我们可以一起做些两个人都感到愉快的事，一起散步、一起玩游戏都可以。"

• 有付出就会有期待

很多人都说，自己的付出是不计回报的，但实际上我们很清楚自己在对对方好的时候，是在索取一定的东西的。这个东西不一定是对方对自己做出同等价值的事情，也有可能仅仅是情绪上的回应。

我们把自己的付出紧扣在别人身上时，情绪就会受别人牵动，心理边界也会变得不清晰。我们受制于自己附加在别人身上的期待，但对方并不一定能回应这份期待，也没有义务回应这份期待。当我们的付出得不到回报的时候，内心就会开始失衡，情绪也会开始失控。

林妍就是这样一个人，她爱他的男朋友，所以不辞辛苦地包揽了家务。她表现得心甘情愿，但实际上只要男友不回应她的付出，她就会在心底里积攒怨气，让两个人的关系越变越差。

• 自我感动式的控制

在亲密关系中，两个人之间的情感能量是互相流动的，但很多人一进入关系，就好像忘记了自己，开始用牺牲自己来讨好对方。于是就有可能陷入自我感动的误区："我对他这么好，为什么他不感动？""我付出这么多，为什么他还是这么冷淡？"

这种自我感动、自我牺牲式的"对你好"，其实也是在向对方传达一个信息：你欠我的。这种信息变成了两个人交流情感的阻碍，并且常常伴随着道德绑架，会给对方造成强烈的愧疚感。所以，这时候的付出，可能在对方眼里变成了捆绑、控制和煎熬。

在这些感觉的驱动下，对方不仅不会领情，甚至还可能做出反抗。归根结底就是，这些付出并不是对方需要的。对方想要两个人一起快乐地生活，你却总是忙着付出；对方想要独立的空间，你却频繁打扰。在双方交流不对等的情况下，一厢情愿的付出就成了变相的控制。

• 如何破局

我们想要付出，但是对方总是不领情，那该怎么做？可以尝试以下这几个方法：

1. 只对具体的需要做出适当的付出。

付出的前提是别人需要的，而不是我们强塞给对方的。对方要什么，我们再给什么，这样才不会给对方造成负担。

2. 让自己的付出变得不稳定。

不让对方认为自己的付出是理所当然的，只是偶尔或者间断性地付出，让对方记得，这些事情本不是我们该做的。

3. 坦诚地说出你想要对方如何回报。

在亲密关系中，我们期待付出得到回应，但也不能闭口不谈，可以半开玩笑地说出来，比如："我今天给你做了这么多好吃的，你打算怎么犒劳我呀？"

5. 想分手又舍不得，在爱与不爱之间徘徊

有些人发现自己跟伴侣相处得不开心，甚至觉得自己可能不爱对方了，但"分手"二字还是难以说出口。两个人在分手的边缘拉扯，相处的时候也不会像以前那样心动，只差把分手的话直接说出来。可感情总是藕断丝连，继续在一起没有未来，分手又做不到果断，可以说是"食之无味，弃之可惜"。

渐行渐远，分手成了难题

徐颖从小父母离异，在奶奶的照顾下长大，所以没有什么安全感，但男友的出现，填补了她内心的空缺。她跟男友在大学时相识、相恋，刚开始的时候两人形影不离，情意浓浓，这让徐颖感到很幸福。徐颖说："我至今还记得，他每天拿着热腾腾的早餐在宿舍楼下等我的样子。"

可是随着时间的推移，大学毕业后，徐颖选择继续读研，而男友则去了别的城市施展抱负，距离变成了两个人的一大难题。虽然两个人说好了，等徐颖研究生毕业就去男朋友的城市，但终究抵不过时间和距离的影响，两个人的矛盾越来越大。两人联系的时间变少了，共同话题也逐渐消失。徐颖也不知道这段感情要不要继续。她一方面认为现在两个人差距太大了，不适合继续，但另一方面又舍不得这么多年的感情。

• 收不回的恋爱成本

结束一段感情从来都不是件容易的事，特别是在这段感情中我们付出过真心、做出过努力、怀有过憧憬，都难以割舍。因为相处了很久，费了很大的心思互相磨合，早已习惯了彼此的存在。这在心理学上叫作惯性心理，就是惯于维持现状，哪怕情况不好也不愿意改变。而这种"惯性"的背后，其实还隐

含着对自己付出了多少的计算。

如果分手，就说明我们曾经付出的一切会变成一场空。我们本能地讨厌损失和舍弃，沉没成本太多，自然就不愿意轻易收手，不愿意放弃自己付出的物质成本和情感成本。于是就会选择继续与对方在没有结果的感情里拉扯，并期待着对方能有所改变。

• 孤独和未知让分手变得更难

我们舍不得分手，可能是因为对方陪伴我们度过了最艰难的时光，我们已经习惯对方的存在，也可能是因为不想面对分手后独自一人的孤独感。

分手后将要面临的"一个人的生活"，让我们缺乏安全感。当我们面对一个差劲的伴侣时，还可以用忍让来维持现状，但如果真的提出了分手，就需要一个人面对翻天覆地的变化和充满未知的未来。我们不仅不知道习惯了两个人生活的自己，是否能继续应对孤单和未知，也不知道自己的下一个伴侣会不会更好，这些"变数"实在是不可预测，所以不如待在原地。

这段感情出现了问题，这是事实，但犹豫不决的"分手"只是一种可能。分手的确可能会更糟，但也可能更好。维持现状而不去做任何努力的话，情况只会持续地糟糕下去。犹豫不决的拉扯只会让自己和对方不断受伤，白白耗费精力和时间。

• 如何破局

分不分手，做不了决定怎么办？以下有一部分可供参考的建议：

1.给彼此一个冷静期。

一起冷静下来思考一下这段感情，是否还有继续下去的必要。不要太快做决定，尤其是我们心中还有强烈的不舍时，不如多给自己和对方一次机会。

2.思考两人之间的问题还有没有解决的可能性。

两个人坐下来好好沟通，谈一谈对未来的想法，比如一些可以解决的小矛盾，那就没必要分手。如果是三观不合，或者有不可调和的矛盾，再考虑分手。

3.尊重自己内心的感受。

分，不只是为了自己，也是为了对方，既是对自己的负责，也是对对方负责。在感情里留一点理性，不要迁就和将就。

第七章　犹豫纠结式内耗

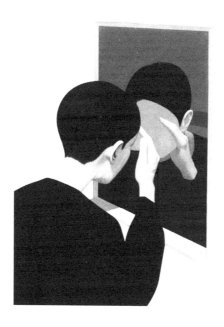

1. 选择困难症的艰难选择：今天吃什么

"中午吃什么？""晚上吃什么？""明天吃什么？"可能是我们每天问别人、问自己最多的问题。特别是当我们进入职场，脱离了家庭环境时，这种选择权就落在了自己身上。

我们可能不仅仅纠结于每天吃什么，还可能会纠结于今天穿什么、出门要不要带伞、周末要不要出门等。这些纠结的背后是选择困难症，这类人通常不习惯于自己做决定，在日常生活中经常需要别人提供建议。

选不出来，就干脆不选了

赵宇有很严重的选择困难症，每天最大的问题就是思考"今天要吃什么"。快到吃午饭的时候，他在外卖软件上翻来覆去地搜索，嘴里还在不停地念叨着："这家不好吃。""这家太贵了。""这家看起来一般。"就这样磨磨唧唧地选了好久。

后来到了午饭时间，同事路过赵宇的工位时，看到赵宇在啃汉堡，就惊讶地说："你怎么又吃汉堡啊？总感觉你一年里能有一半的时间都在吃这家的汉堡。"赵宇无奈地说："我不知道怎么选啊，干脆就吃同样的东西算了。"

• 选择困难症来自需求太多

有心理学研究表明，一个人平均每天至少要做 70 个选择，这对于有选择困难症的人来说压力满满，每做一次选择，就会有大量的脑细胞和多巴胺"阵亡"。

选择困难症，也称作选择恐惧症。有选择困难症的人存在逃避和不自信的心理。他们在面临选择时会非常艰难，没办法做出令自己满意的选择。当他们必须做出选择的时候，会表现出焦虑和恐慌，甚至因为无法做出选择，从而产生一定程度的恐惧。

而这种选择困难症，就源自我们的要求太多，从而产生了矛盾感。这种矛盾感指的是人有许多诉求，但是这些诉求可能是相互对立、无法同时满足的，也就是鱼和熊掌不可兼得。看似有好几个选项，然而不管选哪个，都不能满足全部需要，总是差点意思。

• 选择变相带来了失去

人们向来讨厌"失去"的感觉，这是每个人都会存在的心理。选择之所以困难，是因为每个选择背后，都隐藏着其他被放弃选择的遗憾。就好像"白月光"和"朱砂痣"，怎么选择都是一种取舍。就算当我们做出了选择，很多人都告诉我们这个选择是正确的，我们仍然会感到失落和不安。

比如，我们在纠结要不要换工作时，会考虑现在公司中的既有人脉和资源，还会考虑各种学习成本和沉没成本。而新的工作是否有更大的上升空间也未可知，在未知中选择未知，还要付出相应的代价，就不难理解为什么做出选择会那么痛苦了。

- ## 如何破局

选择困难症该如何克服？以下几个方法可以尝试一下：

1.抓大放小，放弃一些选择。

当很多选择都需要去思考的时候，我们可以放弃一些选择，用习惯替代选择，只抓住那些对我们当下来说最重要的选择。习惯的培养可以减少选择的范围，把不重要的事都交由习惯来决定，以此来对抗多余的选择的干扰。

2.把各种选择写下来，分析利弊。

我们可以把各种选择中存在的问题写下来，特别是那些会影响我们决策的因素，然后再根据这些因素获取相应的信息，进而做出判断。

3.停止收集信息，同时给自己限定时间。

很多时候难以做出选择，是因为我们收集的信息过多，不知道该相信哪些，所以我们可以少收集一些信息，给自己少一点选择。在做选择的时候，给自己进行时间的限定，不管是给自己一个截止日期，还是做决定的时候计算时间。比如，半个小时内决定买哪件衣服。

2. 总想做出最优选择，陷入完美主义内耗

人们常常追求最优选择，这是人性的一部分。我们希望取得最好的结果，最大化满足我们的需求和愿望。这种追求最优选择的态度在某种程度上是积极的，因为它鼓励我们不停地探索、学习和成长。但过于担心是否能够找到最优选择，可能会导致我们陷入犹豫不决的困境，反而丧失了宝贵的时间和机会。

再怎么"如果"，也无法做出最好的选择

孙磊跟好久不见的老同学一起吃饭。在饭局上，他谈起了这些年做过的选择，尽是后悔。孙磊说："在找工作前，我分析了各种行业前景、发展空间和薪资待遇，在已经通过面试的几家公司中，我选择了我认为最好的一家，但入职后我发现这家公司根本不适合我。你说如果我当初再斟酌一下，是不是能做出更好的选择？"

老同学摇了摇头，说："也未必。"孙磊又接着说："后来买房，我又分析了各区域的房价趋势、交通、物业管理、居住条件，最后买完住进去，也没有想象中舒心。"孙磊不甘心，觉得自己再来一次，肯定能做出更好的选择。

• 犹豫是因为害怕有更好的选择

风险投资人帕特里克·麦金尼斯提出了"更佳选择恐惧症"的概念，有的人因为害怕错过最优选择，而研究所有的可能选项，想准备好所有的方案后再做决定。但这种状态会给自己带来心理负担，甚至降低幸福感。

有华盛顿大学的研究者把这种现象叫作"最大化"，该研究者发现，当选择比较少的时候，人们对自己最后做出的决定会比较满意。而当人们想没完没

了地找出最佳选择的时候，则会带来各种压力，不会对最后的结果感到满足。

也就是说，容易满足的人，更容易接受"差不多"的选项，就算知道这个选项不是最优的，就算后面出现了更好的选择，也不太会感到后悔。而受到"最大化"影响的人，则更可能会后悔，陷入完美主义内耗。

正如上述故事中的苏磊，他做选择的时候就会考虑到各个方面，在纠结中选出自认为最好的选择，但即使这样，也会对最后的结果不满意，仍然幻想有更好的选择。

• 满意比最优更有用

心理学家赫伯特·西蒙提出了"满意原则"。他认为，无论是在工作还是生活中，寻找可供选择的方案都是有限制的、有条件的。所以决策者不可能做出"最好的"决策，只能做出令当下最满意的决策。

尽管这是与经济学相关的决策理论，但在生活中也具有借鉴意义。我们总是因为选择而困惑，就是因为我们渴望最优选择，但"满意原则"却告诉我们，即使我们花费大量的时间和精力，也不能找到最优选择。

所以这个选择是否是"满意的"比"完美"更有用，也更容易实现。以"完美"为标准，会让我们带着挑剔的目光寻找选择的缺陷；而以"满意"为标准，会让我们带着欣赏的目光找到选择的优点。

• 如何破局

如何避免完美主义内耗，做出合适的选择？可以尝试以下方法：

1. 以"还不错"为标准进行选择。

我们可以把评判标准定为"是否满意"，而不用考虑它是不是最好的选择，做到从"完美"标准转变到"还不错"标准。它能帮我们克服选择的焦虑，在做选择时更心平气和。

2.行动起来。

先做大方向上的选择，总是纠结这个选择好不好时，最好的办法就是直接去做，然后得到及时的反馈，再不断调整，"手动"靠近那个理想中的最好的选择。

3.调整自己的认知。

接受完美的选择并不存在的事实，再重新审视自己的目标，审视我们是否需要那么"完美"的选择，也许适合自己的才是最好的。

3. 工作不开心，每天都在纠结要不要辞职

在工作中，我们可能会因各种工作压力，产生想辞职的念头。比如，辛苦付出，却只得到了批评；每天忧心忡忡，担心工作会出差错；工作量太大，工资又太低；工作占据生活太多时间，每天上班如"上坟"；等等。我们对自己现在的工作不满意，但又害怕辞职后找不到更好的工作，只能让这些情绪困扰着我们，又纠结又心累。

辞职等于失业，不辞职等于煎熬

白莎莎在一家互联网公司负责运营，因为工作性质的关系，她要跟很多人打交道，总是能碰见让她感到不愉快的事情。所以她陷入了严重的精神内耗，每天脑子里都在想：辞职还是不辞职。

每当辞职念头涌上心头，她又担心辞职之后找不到更好的工作，于是陷入了两难的境地，工作效率也愈发低下。白莎莎每天工作都不开心，一天想一万遍离职，但又无法下定决心，只能强忍着不开心，按部就班地打卡上班。后来白莎莎打算"骑驴找马"，但再次投递简历时，因为她每段工作经历都不长，人事都以"缺乏稳定性"这一理由拒绝了。她只能继续在现在的公司熬着，也没有勇气"裸辞"。

• 问题还在，辞职只是逃避

许多人在面对工作上的内耗时，总是会抱着"大不了就辞职"的心态，认为只要辞职了，工作上那些烦恼和问题就会解决。但实际上盲目辞职只是一种逃避的手段，重新换一份工作，也会有新的"坑"等着我们去踩，世界上没有十全十美的工作。

就像故事中的白莎莎一样，工作压力太大，让她总是想辞职，但换一份工作，那些压力仍然会存在。如果当前这份工作的老板太苛刻，我们选择辞职，而下一份工作，我们也许会碰上喜欢"甩锅"的同事，难道也要马上辞职吗？辞职并不是解决工作内耗的最好的办法，这只会让我们越来越喜欢逃避问题。

• 工作是为了更好地生活

有专家认为，人应该按照自己的喜好选择工作，只有这样才能全身心投入到工作中去，只有这样才能花心思在工作中提升自己，获得更强大的竞争力。这个观点没有错，但还是忽略了一个问题，那就是生存的需求。

从马斯洛需求层次理论来说，生存是人类的第一需求。所以很多人即使做着自己不喜欢的工作，但为了养家糊口，还是会选择在自己不喜欢的工作上拼命努力，就为了赚到更多的钱。

当我们纠结于辞职后没有收入，但不辞职又很焦虑的时候，有一个事实我们不得不认清：能够找到自己热爱的工作的人，少之又少，大部分人都会从事枯燥乏味的工作，工作只是为了让我们的生活更好而已。

工作是工作，生活是生活，当我们没有能力换一份更好的工作时，做好本职工作，把重心放在生活上，也不失为一种好的选择。

• 如何破局

辞职还是不辞职？我们在纠结的时候，可以试一试下面的方法：

1.判断目前的工作的重要性。

我们可以先判断当前的这份工作，对于自己的职业规划重不重要。如果只是一份过渡性的工作，当内耗太严重时，可以直接选择辞职。如果这份工作在我们的职业规划里处于一个重要的提升阶段，与其离职，不如思索如何走出内耗。

2.判断这份工作有没有带来成长价值。

哪怕这份工作待遇再好，当我们已经明显感到没有上升空间，且内耗过重，这意味着我们的成长价值都在缩减。这时候，离职也是不错的选择。

3.公私分明，转移注意力。

把上班和下班的状态切割开来，比如，下了班就不必再思索领导严厉的批评，结束了工作任务就自动放下工作中的不愉快。还可以尝试在工作之外发展其他爱好，不论是兴趣爱好还是兼职副业，都好过"人已下班，心还在职场内耗"的状态。

4. 发朋友圈分享喜悦，又怕被嫌弃炫耀

刚开始，大多数人都只是把朋友圈当作分享自己生活的地方，想发什么就发什么，甚至一天能发好几条，只想把自己的美好生活、愉快心情分享给朋友们。但随着朋友圈的扩大，列表里的几十个朋友变成了几百个，我们就不敢再轻易分享自己的生活了，我们也会开始思考自己发的朋友圈合不合适，会不会引起别人的议论和猜想。

是分享生活，还是炫耀生活

江婉很喜欢发朋友圈，平时什么事都会往朋友圈里发。比如一些琐碎的小事：听到了一首好听的歌，遇到了一只小流浪猫，收到了一个小礼物，看了一场演唱会，吃了一顿大餐，度了一次假，等等。

可是总有几个人会在她的朋友圈下面留下不好听的评论，不熟的同事会说："真好啊，有闲又有钱，可以到处去玩。"远房亲戚会说："看来是赚了大钱了，买了这么多好东西。"后来连爸妈也来劝她少发一点，还说做人要低调。

江婉并不觉得自己发的朋友圈有什么不妥，但时间长了，这样的声音多了，她发朋友圈之前也开始纠结了。她会担心自己的措辞会不会太招摇，担心自己的照片会不会看起来太像在炫耀，后来干脆就不发了。

• 朋友圈是一本公开的日记本

朋友圈像是一本公开的日记本，我们在记录自己生活的同时，也是在展示自己的生活，所以肯定会不可避免地被别人看见，被别人评价。我们可能会因此在乎别人的想法，被别人的想法左右，从而让自己束手束脚。就像故事中

的江婉一样，她发朋友圈可能并不是在有意炫耀，但有心之人的解读，让她也变得不爱发朋友圈了。

而且当我们分享生活的时候，也有可能会产生获取别人关注的心理。比如，我们去豪华餐厅用餐，迫不及待地拍下那些摆盘精致的菜肴，配上精修的图片发到朋友圈；去度假胜地度过完美的假期，忍不住拍下优美的风景和惬意的环境，再发送到朋友圈。这些朋友圈传递的信息就是："我现在过得很精彩，我想让别人也看看。"

朋友圈本质上就是一个社交平台，可以变成展示自身价值的名片，也可以变成和朋友互相分享和交流的地方，怎么用在于自己。

• 朋友圈是连接朋友的纽带

有时其实没必要想太多，"朋友圈"重点在于"朋友"二字，它真正的意义就在于促进朋友之间的交流，巩固朋友之间的关系。

因为朋友圈具备"即时性"特点。很多朋友遍布天南海北，甚至就算在同一个城市，也不会天天见面。这种"即时性"会让我们的朋友圈更有生命力，朋友圈可以描绘出当下的场景和情绪，甚至会让不在场的朋友也能感受到现场氛围。朋友们在话题下面评论，可以自然地减少因距离而产生的陌生感。

我们在工作之余的空闲时间，通过朋友圈，与朋友畅谈理想，偶尔相互吐露心声，彼此慰藉，相互鼓励，展示自己生活中的小幸福，也是一道惬意的人间风景。

• 如何破局

朋友圈到底还发不发？该如何打破想发朋友圈，但又怕别人有想法的状态呢？以下有几个可供参考的方法：

1.调整自己的心态。

把朋友圈当成记录本，只记录自己的生活。或者可以减少与金钱有关的分享，多分享一些平凡的瞬间和自己的感想，比如有意义的志愿活动、朋友之间的聚会、特殊的学习经历等。

2.将好友进行分类。

我们还可以设好分组，把朋友圈的朋友进行分类，只把自己的生活分享给比较亲密的朋友，或者愿意看的朋友。

3.分散式分享。

我们还可以"转移阵地"，把想分享的事情放到别的地方，比如微博、小红书、博客等地方，这样既满足了自己的分享欲，又不会让亲戚朋友觉得自己在炫耀。

5. 逃离北上广，还是逃回北上广

人生中有许多选择等着我们纠结，其中最重要的一个就是在哪里安家？在哪里置业？毕业之后，一边是竞争激烈、生活压力大的大城市；一边是"熟人社会"、发展受限的家乡。许多人都在发愁，是选择留不下的北上广，还是回不去的家乡。

逃离又逃回，小城市还是大城市

刚毕业的那年，方灿同时拿到了家乡公务员的工作机会和广州的一家大公司的工作机会，他带着对大城市的向往，选择了去广州寻梦。而他工作了没几年，就发现大城市的压力非常大。生活上，房租、水电费占了他工资的大头。事业上，他也发现自己的待遇很一般，工作压力也很大。这使得方灿选择逃离了广州，回到了老家。

可老家的工作更加不如意，生活单调，圈子过窄，一点风吹草动就成为别人口中的谈资，甚至做什么都要"走关系"。这让早已经习惯了大城市的方灿感到绝望，甚至觉得自己要"废掉"了。方灿跟朋友说："当初想着逃离北上广，但回老家后才发现自己错得离谱，小城市里过于安逸的生活方式、观念的巨大差距，让人没有了奋斗的动力，还是得逃回北上广。"

• 逃离北上广，放慢生活脚步

许多人逃离北上广，是因为找不到安全感，被压得喘不过气，寻不到自己的"根"。很多人调侃自己是"北漂""沪漂"，正是因为自己居无定所，只能漂泊在大城市，好像永远都落不下来，生不了根。

北上广就像一道选择题，与老家相比，这里的机会更多，确实是值得一拼的地方。但在这些地方打拼的时间越长，就越觉得自己变成了一个永远追着房子、车子、户口跑的"奴隶"，压力只会越积越多。所以还不如逃离北上广，回到小镇上，放慢自己的脚步认真生活。

而逃离北上广，真的就适合我们吗？故事中的方灿一开始就是这么想的，想逃离北上广，却又因为跟家乡格格不入，又逃回了北上广。

• 逃回北上广，闯出属于自己的路

这些"重回北上广"的年轻人的真实处境是：回到老家也不能过上安稳而惬意的生活，反而内心可能更纠结、更难受。特别是家在三四线小城和村镇的年轻人，除了公务员和编制，工作机会少之又少。

在大城市虽然漂泊不定，但机会有很多，更容易闯出属于自己的一片天地。于是，很多人在逃离与逃回之间徘徊不定，踟蹰不前。

• 如何破局

大城市有大城市的机遇，小城市有小城市的惬意，该如何选择，全靠自己想法。我们选择的不仅仅是一个地点，更是一种生活态度，一种对未来的执着追求，只有适合自己的才是最好的。以下有两个可供参考的方法：

1.认清自己的内心。

在做出选择之前，先问问自己的理想生活是什么？并且不论如何选择，都不为自己的选择后悔。

2.做好职业发展规划。

热爱自由、热衷创新、渴望创业、乐于竞争的年轻人，往往愿意在北上广这样的大舞台上挥洒汗水。而追求安逸生活、喜欢顺其自然、满足于小富即安的人们，则更倾向于离开北上广，去二线、三线城市寻找归宿。

第八章　　　**自卑式内耗**

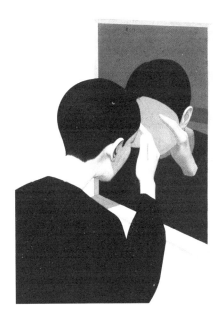

1. 因为自己和别人不一样，陷入无休止的自我怀疑

我们希望展现独特性，渴望被他人看见。而我们又害怕跟别人不一样，是因为我们又有被群体接纳的需要。人们常说"人以群分"，我们在划分群体的时候，往往依据的是人们身上的共性，或者是具有相同特征的人。如果一个人总是特立独行，在某些方面跟其他人不一样，这就意味着这个人身上与其他人没有共性特征，有可能会被群体所排斥。

大多数人都不能抵抗群体的力量，对于他们来说，群体里有积极向上的能量，能在群体里获得认同，提高自我价值，并得到"我能跟随其他人变得更好"的心理效应。如果跟不上群体，或者跟随的群体不一样，就容易怀疑自我的适应性、个性的魅力度，甚至怀疑自己的人生观和价值观是否正确。

从心还是从众

郑星月很喜欢烘焙，这个爱好已经坚持了好几年了，她有时候也会在朋友圈卖一些自己做的甜品。郑星月在一家别人看来很不错的国企上班，但其实她一直都比较累，想辞职，转行做自己喜欢的烘焙工作，开一个烘焙工作室。但是她很焦虑、很害怕，害怕自己会失败，害怕父母不支持她，害怕自己跟别人走的路不一样。

从小到大，郑星月都遵循着父母和社会的要求，上学的时候好好学习，毕业后进入一个稳定的单位，然后结婚生子。她的父母希望她能安稳地在国企上班，她的朋友和同学要么跟她一样在国企上班，要么也做

着朝九晚五的工作，没有人扔掉所谓的"铁饭碗"去做"出格"的工作。

所以郑星月一直很纠结，不敢做出决定，朋友问她为什么，她说："跟别人不一样，意味着我是不好的、不安全的，还会遭受外界的排斥。"

• 跟别人一样更有安全感

许多人在生活和工作中，表现出一种"随大流"的倾向，是因为他们担心自己的标新立异、与众不同会被挡在集体之外。而与群体保持一致，会让他们觉得自己的决策是正确的，甚至还会违心地参与一些集体性活动，从而在其中获取安全感。

正如上述故事中的郑星月，她有自己想做的事情，她想转行做自己想做的烘焙，但她不想变成朋友、家人眼中的"异类"，于是迟迟做不了决定。

害怕跟别人不一样，本质上还是对自己的不自信，对自己的特别之处的不认可。他们的选择不是遵从自己的内心，而是为了跟周围人变得一样，仿佛这样看起来才不会孤独，才会安全，但这样也会带来丧失自我的痛苦。

• 羊群效应容易让人失去判断力

羊群效应是指，在面对不确定的情况时，大多数人不会根据自己的判断做出决策，而是会倾向于追随别人的行为和意见。也可以理解为从众心理，别人干什么，自己也跟着干什么。这种羊群效应其实在每个人身上都有可能出现，我们为了获得别人的认同，就有可能舍弃自己的观点来迎合别人。

有时我们常常认为自己在独立思考，实际上只要多数人都做了跟自己不一样的选择，我们就可能会怀疑自己。即使别人的观点或者选择没有任何根据，就因为是大多数人的看法，是主流观点，就会具有强大的说服力，我们也会顺从大多数人的选择。

• 如何破局

如何打破自我怀疑的屏障，敢于跟别人不一样？可以尝试以下方法：

1.建立清晰的自我认知。

充分了解自身的缺点和优点，不轻易被他人的行为、语言、观点所左右，保持清醒的头脑。

2.独立思考，坚持自己的原则。

在面临问题时勤思考，不被他人左右。坚持自己的信念，并实践长期主义。

3.理性分析他人的观点。

接受反对自己的观点，不要生气或者退缩，而是要保持冷静，理性地分析他人的观点，并努力寻找解决问题的方法。

4.保持学习的态度。

不断学习新的知识、技能和经验，扩展自己的视野和认知，提高判断能力。

2. 遇事总是替别人考虑，生怕麻烦别人

有的人明明是需要别人的帮助，却没有办法把麻烦别人的话说出口。这类人不是不需要别人的帮助，也不是抗拒别人的帮助，而是总害怕自己会麻烦别人。

总怕麻烦别人的人，往往却很乐意帮别人处理麻烦，这其实跟自尊水平较低有关。乐于替人分忧，是为了满足自尊的需要，也就是一种"被人需要的幸福"，让自己有价值感。不麻烦别人也是如此，不想让自己的请求，降低自己在别人面前的价值感，让别人对自己产生负面评价。其实这是缺乏对自己的自信，缺乏对人际关系的自信。

需要帮助，又怕麻烦别人

陈志远工作的城市离老家有一百多千米，这个距离说远不算远，说近也不算近，而他自己又没有车，每次放假回家总是很麻烦。公司新来的同事跟陈志远是老乡，在聊天的时候，同事表示下次回老家的时候可以带上陈志远，如果有需要就联系他。陈志远下意识地说："不用，这也太麻烦你了。"

陈志远很纠结，坐同事的车回老家确实很方便，但他又在想："我家离他住的地方有点距离，让他等我会不会耽误他的时间？会不会给他造成别的不便？"而且陈志远实在是不喜欢欠别人人情，不知道拿什么来还，想来想去，还是一个人坐大巴回家了。

• 怕麻烦别人的两个原因

害怕拒绝。 我们总是听父母说："不要老是麻烦别人，自己的事情自己

做。"不肯接受别人的帮助，不想麻烦别人，实际上就是对别人的帮助不抱有期待。害怕被拒绝之后的失望感，害怕麻烦别人换来的是责备和冷漠，所以宁可不开口。我们的心理其实很矛盾，怕别人越帮越忙，也怕别人不愿意尽力帮助自己，担心接受别人的帮助会付出代价，所以会有很强的防御性。

害怕人情。有些人也不是害怕拒绝，而是别人排山倒海的热情吓到了自己，因为这种热情自己是没有体验过的。所以感到别人要热情帮助自己时，第一反应是慌乱和推脱。其实他们并不是不想接受别人的热情，而是他的内心是干涸的、空荡荡的，他从来就没有获得过被无条件喜爱和帮助的感受，所以就想当然地认为自己本身的存在，不值得拥有他人的热情。一个真正充分被满足的人，才会自然而然地接受帮助，也才会自然地去帮助别人。

• 朋友是麻烦出来的

卡耐基曾表示，如果想让交情变得长久，那么得让对方适当为自己做一点小事，这会让别人有被需要感。从心理学上来说，这种被需要也是一种存在价值的体现。

也就是说让别人喜欢自己的最好方式，不是主动去帮助他们，而是让他们选择帮助自己。当两个人因为麻烦建立了来往时，就会引起彼此的注意，再慢慢建立好感。从根本上来说，对方曾经给我们提供的帮助，会产生成就感，以及来自我们的认同感。所以，麻烦别人，不一定是件坏事，有些时候的麻烦，反而是促进两个人关系进展的最佳方式。

• 如何破局

如果我们仍然不敢麻烦别人怎么办？可以尝试以下方法：

1.转换一下视角。

想象如果别人向自己寻求帮助，自己会怎么做。这有助于理解自身请求的合理性，并通过一种外部视角的方式，解锁自身对于需求的压抑与束缚。

2.选择恰当的时间。

当我们麻烦他人，向他人寻求帮助时，如果不想拖延对方的工作，可以找对方比较空闲的时间，这样被拒绝的概率就会小很多。

3.让自己的思维往正面方向转变。

在对方帮助自己之后，不要去感受"我给对方添麻烦了"的愧疚，而是感受"对方愿意帮助我"的情谊，在你来我往之间增进关系。

3. 每次被夸，都觉得"我不配"

一般来说，人们被夸奖的时候，会感到放松和愉悦，这是一种来自外界的肯定。但有些人被夸奖，虽然表面平静，但是内心却暗流涌动，甚至会感到很拧巴。

一方面，他们很享受被夸的愉悦，因为拥有了他人的正面评价，让被夸奖的人再次确认了自己的成就和价值，产生了继续做事情的底气。另一方面，他们内心又会存在另一种声音，这个声音在说"我不配""我并没有那么好""这些夸奖不是我该得到的"，在自己的内心竖起一道防御的围墙。

夸奖听起来太沉重

王峰总是很难认可自己的成绩，别人夸他，他也不相信。之前公司评选最佳员工，王峰也拿到了一个名额，同事和朋友都在恭喜他。但是王峰很惶恐，觉得只是自己走运罢了，别人来夸奖他，他第一反应就是想找借口搪塞过去，或者赶紧转移话题。

有朋友调侃他太谦虚，没必要，可王峰却是发自内心这么想的。以前上学的时候，考出好成绩的他也不会很开心，总觉得自己是运气好，可能下次就"露馅"了。后来上了班，王峰就更加认为大家的夸赞只是客套，甚至让自己压力很大，那种"我不配"的心理愈发严重，还影响到了对自己的价值判断。

- ## 冒充者综合征：让人觉得自己是个"骗子"

冒充者综合征又被称作"骗子综合征""冒名顶替现象"，指的是有些人即使获得了一些成绩与成果，但是特别不自信，甚至认为这不是自己应得的，而是冒充那些真正厉害的人而得到的。这种心理现象，让我们无法把已经取得的成绩归因于自己的能力，认为只不过是侥幸，甚至会担心别人识破自己是"骗子"，并为此感到焦虑。

虽然冒充者综合征被冠以"综合征"的说法，但这不是一种心理疾病，只是一种情绪感受，实际上很多人都存在过这种情绪。

上述故事里的王峰就是这样，他不相信自己能评选为最佳员工，看不到自己的成绩和努力，反而担心自己配不上，这就让周围人的夸奖，变成了一种压力。

• 不配得感源自不自信

不配得感本质上来源于不自信，不相信自己的价值，也不相信他人的夸奖。比如"花无百日红"，今天是赞美，明天可能就是批评，所以内心会拒绝这份关注，只希望让自己舒舒服服地待在一个不起眼的地方，不要被看到，减少以后可能会被攻击的机会。

除此之外，还源自群体中少数派的不自信。当人们感觉到无法融入当前群体时，就会产生不配得感。有研究发现，群体中占少数的群体，可能更会倾向于否定自己、怀疑自己的能力。

比如性别刻板印象，认为男性的计算能力要好于女性。如果有女性在这方面的能力表现得比男性更好，她就可能会被影响，认为是自己比较幸运，而不是计算能力真的很强。因为认定自己是某个领域的"少数派"，所以就会更容易将自己的成就归因于外在条件，而非自身的努力与能力。

• 如何破局

如何接受别人的夸奖？以下有几个可供参考的方法：

1.以旁观者的视角来评价自己。

我们可以尝试以第三者的视角审视自己，看看自己是否真的是对方口中说的那么优秀。假如我们是自己的朋友或者同事，我们会做出什么样的评价？如果的确值得夸赞，那我们大可欣然接受他人的欣赏。

2.把自己的努力和成就记下来。

我们不仅可以记录自己的失败，还可以记录自己的努力、自己获得的成就。每当出现"我不配"的感受时，就可以先拿出自己的记录，看看之前我们做过什么、得到过什么，以此来肯定自己的成就。

3.不过分要求自己。

低自尊人格的人总是会忽视自己的成功，对自己过分苛刻，但其实这样往往适得其反。我们对自己的很多要求未必合理，即使达不到也并不代表我们很差劲。

4. 因为别人一句批评，而认为自己"毫无价值"

有些人的价值感建立在别人的评价和认可之上，当别人给他们肯定的评价时，才会感知到自我存在的价值；当别人批评他们时，他们的自我价值感就会急速降低。

不仅仅是价值感，动机也跟别人的评价挂钩。无论正在做什么事情，无论马上要做什么事情，只要受到别人批评，他们就会瞬间失去动力和热情。就在这一刻，他们觉得做什么都不值得了。比如，工作的时候受到批评，瞬间失去动力，不知道继续工作的意义是什么；学习的时候受到批评，瞬间没有信心继续学习了；等等。

在批评中看不清自我价值

李威是一名职场新人，大学毕业后就入职一家大企业，做市场营销专员。刚加入公司的时候，他对工作充满了热情和期待，然而很快他就发现，实际工作中会面临很多困难。

有一次，李威在小组会议上提交了自己的营销方案，但是被领导狠狠地批评了一顿。领导觉得他的方案没有新意，没有抓住客户的需求和痛点，看起来一点也不专业，就打回去让他好好重做。李威拿着自己的方案回到了工位上，感到非常沮丧，他觉得自己已经尽力了，并开始怀疑自己的工作能力，之后在工作的时候也有点神情恍惚，打不起精神。

• 价值感低的人，自我是脆弱的

一个人之所以承受不了别人的负面评价，是因为他自己的价值感本来就很低。对自己的评价非常低，这时候他就容不得别人再对他有不好的评价。别人不好的评价，可能就会让他的自我瞬间破碎。就像一个装满了水的玻璃瓶一样，没有空间容纳别的东西，轻轻一推就会碎掉。

故事中的李威刚刚进入职场，还没有形成一套成熟的自我评价体系，此时的价值感就很低，领导的批评会给他带来很大的打击。

实际上，自我价值从来就不是由别人的评价决定的，美国作家马克·吐温曾说过，不要让别人的评价决定自我价值。具有价值的事物，不因人的意志为转移。就像一张纸币，不论它是脏的还是皱的，其价值都不会变。人的自我价值也一样。不管别人是赞美还是贬低，我们的价值不会因此提升或者下降。

• 镜像自我：从他人的评价中看到自我

美国社会心理学家查尔斯·霍顿·库利提出了"镜中我"的概念，指的是个体关于自己如何被重要的他人感知的信念。也就是说，镜像自我并不是别人实际上如何评价我们，而是我们觉得他们如何评价我们。我们眼中的自己，其实是我们通过别人的眼睛看到的自己。

对于身处社会中的人们来说，大部分人的行为基本取决于对他们对自我的认识。而这种对自我的认识，主要是在与他人的社会互动中形成的。其他人对自己的评价、态度等外在因素，都是反映一个人"自我"的一面"镜子"。我们就是通过这面"镜子"，来认识和把握自己的言行举止，我们都活在他人"眼里"。比如别人批评我们，站在对方的角度，是希望我们能改进；而站在自己的角度，就自认为自己被看低、价值被贬低。

• 如何破局

如何从"我毫无价值"的想法中走出来？以下有几个可供参考的方法：

1. 提升自我。

我们可以学会接受自己的缺点和不足，并努力改进和完善自己。只有这样，才能在面对各种人和事时，减少自我否定的情绪产生。

2.用成就感提高自我价值。

学习一门新语言、学习新的工作技能或者参加某个活动，不断发展自己的技能和知识可以让我们更有自信，从而提高自我价值感。

3.适当寻求别人的支持。

心理学研究表明，一个人获得的社会性支持越多，其感觉到的幸福感和自我价值感就更高。我们可以接受批评，但也可以再听听其他人的评价，在别的地方获取支持，这样就不会一味地贬低自己。

第九章　　一边拖延，一边内耗

1. 一边拖延，一边不断责怪自己"不要这样"

拖延症是指自我调节失败，在预见后果不好的情况下，仍然要把计划往后推迟的行为。这种拖延其实是一种非常普遍的行为，心理学家简·博克的研究调查表明，有超过 50% 的人都存在拖延问题。

大多数人都会回避那些或烦琐、或困难的事情。比如到了夏天，要重新整理衣柜，把厚衣服都收起来，因为太麻烦，总会拖着不做。像这样的拖延问题，不会给生活造成太大的困扰，可一旦养成了习惯性的拖延，就可能造成各种情绪上、实际上的麻烦。

习惯性拖延，越拖越自责

张虎是个"90 后"，他知道自己非常喜欢拖延，还给自己贴了一个标签"重度拖延症"。他什么都喜欢拖，连睡觉、吃饭都想习惯性"等一下"。他以为自己之后肯定能变好，没想到工作之后发现自己越来越能拖了。

后来张虎想改变自己，但每次下定决心给自己列计划，总是不能按照计划进行，不是迟迟没办法启动，就是做着做着就把计划给忘了，总是虎头蛇尾。也正因如此，张虎的同事没少埋怨他，领导也没少批评他。张虎找到自己的朋友，苦恼地说："我真的压力很大，很自责，很不喜欢这样拖延的自己。"

• 拖延的，往往是令自己不安的事情

行为主义理论认为，一种行为之所以能够保留下来，一定是因为它带来了某些好处，"拖延"也是同样的道理。拖延的本质，就是在逃避自己不擅长、不喜欢的事情，让拖延来让自己产生安全感。

这源于动机和自我效能感不匹配。比如动机很强，但效能感很弱，我们在完成任务的时候，给自己定了一个 90 分的目标，想要证明自己的能力。但同时我们又感到不安，低效能感让我们在潜意识里觉得，自己的能力只有 60 分。这就导致拖延变成了一种防御措施，本来预计一周就能完成的，结果到截止时间的前两天才完成。

就像上述故事中的张虎，他其实就是在工作中感到不安，给自己制订了计划，但又不相信自己能够完成，只能一拖再拖，从而越来越自责。

• 拖延并非只因懒惰

首先，拖延可以是期限拖延。主要表现为，一个人完成任务只停留在计划阶段，到截止日期之前才被迫开始。这种情况比较普遍，大多数人在看到任务的截止日期还比较远的时候，就会拖到最后才手忙脚乱地开始做。

其次，拖延还可以是分心拖延。主要表现为，当一个人在完成任务的过程中，被其他事情吸引，从而转移了注意力，增加了做事所需的时间及走神概率，造成心理压力，产生拖延和逃避。有研究表明，我们的大脑分配注意力的能力有些弱，而我们一般手上会同时面临好几个任务，当我们不能在同一时间将注意力分配到不同任务中时，拖延也就产生了。

- **如何破局**

如何改变边拖延边自责的情况呢？以下有几个可供参考的方法：

1. 意识到自己在拖延。

察觉问题是改变问题的开始，当我们知道自己开始拖延的时候，才能采取应对措施。如果有一件事情被拖延影响了，先不必感到挫败，我们可以回顾一下整件事情，是从哪一步开始拖延的？是在接下任务的那一刻，还是第二天坐在电脑前的时候？

2. 适度控制拖延的时间。

不必视拖延为"洪水猛兽"，有时候越抗拒反而越容易拖延。我们可以把拖延控制在合理的范围内，适度地控制拖延的时间，让拖延给自己一点心理上的缓冲。

3. 让目标看得见。

太大、太难的事情让我们不自觉地选择逃避，那我们就让目标变得更容易看见。确定目标、制订计划、分解步骤，让目标变得有条理、看得见。直面困难，看到自己努力的结果，用成就感和自信心战胜拖延。

2.一边渴望证明自己，一边担心失败而不肯开始

越追求自尊，越渴望自我提高，就越会产生失败的恐惧。因为我们会把事情的完美程度，跟自身的价值感相连接，不自觉地落入拖延的陷阱。当我们竭尽全力做一件事，但是没有成功的时候，唯一可能得出的结论就是自己不够好。

有心理学研究者认为，失败恐惧是预测拖延的重要因素，是一种焦虑反应。个人由于害怕自身的努力不够，或者是达不到他人的期望，就会对这些评价表现出过度的焦虑和担心，所以最后会采取拖延的方式来逃避那些有"失败风险"的事情，从而减少消极的反馈，维护自己的自尊。

拖延的失败，不算失败

周娜娜在工作期间，报考了一个对自己而言比较重要的职业资格考试，如果考试通过了，她就更容易获得升职，但是她一直在拖延。不是担心没时间看书，就是担心考不好，因此迟迟不开始学习。直到最后距离考试只有一个星期了，她才开始看书、做题，最后自然没有通过考试。

她的同事还安慰她，下次一定可以的，周娜娜只是笑了笑说："我最近太忙了，没有时间学习，这才没有考过。"其实她心里在想："如果我不拖延，时间就够用了。肯定能通过考试。"她特别害怕自己努力了，还是会失败，所以她认为，因拖延而造成的失败，不算失败。

• 拖延成了失败的"保护伞"

认知心理学认为，拖延是一种应对策略，想通过拖延来回避自己个人能力缺乏的问题。拖延者想通过拖延，将失败的原因从自身的内部原因，转向外

部的客观原因，避免产生自我批评，并以此来维持自尊。

上述故事中的周娜娜就是如此，说服自己"是因为时间不够用，而不是我的能力不行"。虽然也是失败，但相比于"努力但还是失败"的结果，对于她来说，"拖延导致没有时间去做而失败"更容易接受，对于她自尊的损伤也更小。

但这种模式只会带来更多的失败，因为这将陷入一种恶性循环。为了避免失败，从而不全力以赴，迟迟不行动，失败也就变得更容易了。

• 畏难情绪让人止步不前

畏难情绪是造成拖延的常见原因之一，人们在遇到问题时，可能会采取退让和躲避的态度，因为缺乏面对问题的勇气和信心，于是就用消极的态度来面对，甚至还会在无意识中夸大问题。

逃避困难也是人的天性，一旦我们觉得一件事难度大、很复杂，我们就可能会下意识地做出选择，躲开或者推迟这个麻烦到来的时间。这其实是大脑潜意识在说这件事不会轻易成功，或者我们还有某些能力方面的不足，或者资源不够，或者要付出太多的代价。

也正是因为畏难，才让拖延成了一种表象，越难的事情，就越没办法开始。最后还可能会习得性无助，以后遇到有一点困难的事情，都会觉得自己没办法做到，然后能拖就拖，拖不动了再硬着头皮做。

• 如何破局

如何改变因担心失败而拖延的想法呢？以下有几个可供参考的方法：

1.让事情简单到不可能失败。

如果一件事情可以在10分钟内做完，那么开始行动的可能性就会大大增加。我们可以分解目标，当目标越小，越容易达成，也就越容易有成就感，从而为后续的行动建立信心。越是复杂、麻烦的事情，越要分解为多个步骤，形成粗略的计划。

2.降低对自己过高的期望。

失败是人之常情，我们应对目标与自我能力重新进行合理的定位与评估。降低对自己的期望，制订合理的计划，打破从拖延到失败再到拖延的恶性循环。

3.自我暗示。

要想接纳自己，需要给自己一些正面的评价，我们可以多给自己一些自我暗示，相信自己能做到，看到自己进步的一面，且不断鼓励自己去尝试。

3. 潜意识里，有一种拖延是在恐惧成功

成功意味着万众瞩目，意味着脱颖而出。但不是所有人都喜欢被关注，一个内心敏感，且安全感不足的人，往往会对于被关注感到恐惧。因为在恐惧成功的人眼里，被关注除了一些"好处"，还会泥沙俱下，带来很多风险。

恐惧成功其实是一种比较复杂的心理，心理学家把马斯洛的"想要成长，但又害怕成长的心理"称为"约拿情节"。因为我们想要获得成功，就意味着要付出很多努力和代价，以及不可预料的变化和风险。这种"约拿情节"可以适当缓解我们面对困难的压力，但同时也会阻碍我们成长。

拖延可以让成功来得晚一些

唐俊是一个很有创意的建筑设计师，想有朝一日拥有自己的设计公司。但是他做事常常拖延，总是赶不上进度，也不急着将自己头脑中的设计思路转变成图纸，最后同事们都不愿意跟他一起做项目。唐俊对自己的拖延的恶习深感痛苦，他认为自己头脑中不缺乏非常棒的创意，他缺乏的是把创意落实到图纸上的行动力。他恨自己，觉得因为拖延，梦想正离他越来越远。

后来他的朋友跟他谈心，劝他早点把拖延的习惯改了。唐俊也想明白了，他说："其实我是害怕成功的，我害怕被暴露在聚光灯下，我害怕一旦自己产生了一个非常有创意的、可以付诸实施的设计思路，人们会期待每一件我所做的事情都是富有创新精神的。"

• 成功是动力，也是压力

成功代表着能力上升了一个台阶，能给予我们继续进步的动力，但同时

也会带来别人给自己的过度的压力，别人会认为自己是"能承担更多任务"的人，因而对自己要求更高。

正如上述故事中的唐俊，通过拖延，这位设计师降低了自己成功的机会，给了自己一个缓冲，好让自己不被众人注目，或者陷入忙乱的生活。他并不希望通过成功，让自己失去享受生活的时间，过高度紧张的生活。

所以，很多拖延者在面对成功的时候，内心往往很纠结。他们害怕成功给自己带来更多压力，改变目前平静的生活，或者让自己付出某种不愿承受的代价。我们想要把事情做好，但害怕成功的压力反而会让我们适得其反，在拖延的道路上越走越远。

• 本质上不认可自己的成功

有成功恐惧倾向的人，当获得成功的时候也不能感到安慰，觉得自己的成功是一个偶然，只是运气好而已，并认为获得成功要付出太多的代价，往往得不偿失。

因为我们缺乏自信，在成长的过程中没有得到足够的安全感，也没有机会重塑信心。低自尊和低自信这些念头会一直伴随着我们，所以在面对幸福、荣誉、成功时，内心容易产生不配得的感觉。

这种低自信的心态会让我们产生逃避的心理，不想成为人群中显眼的那一个。成功既能带来鲜花和掌声，也可能带来嫉妒、排斥和攻击。俗话说"枪打出头鸟"，一个过于与众不同的人，很容易拉开与他人的心理距离。为了避免疏离感，很多人会隐藏锋芒，甚至刻意迎合大众心理，自甘平庸。

• 如何破局

该如何打破成功恐惧呢？可以尝试以下这些方法：

1. 消除对成功的偏见。

看到并提高自身的竞争力，意识到自己对成功的看法存在问题，放弃原来对成功的消极想法。

2.行动起来。

尽量不要设想后果，只管行动起来。有时压力往往也是动力的产生的根源，可以把自己适当放在压力下。

3.把重心放在目标上。

以结果为导向，不用花费太多精力在别人的看法上，更多地关注自己能掌握的事情。

4. 一直活在幻想中，迟迟不愿行动

想太多，就容易成为行动的阻碍。有心理学研究表明，当头脑在模拟行动时产生的心跳和呼吸的变化，与真实行动产生的反应相差不大。也就是说，当我们在幻想成功的时候，我们的大脑会以为自己真的成功了，之后就会进入放松状态，导致我们不想再行动。

当计划做得天衣无缝，大脑就会认为自己已经实现了目标，从而开始反馈消极信号。大脑的潜意识思维就是："既然已经享受了成功的喜悦了，那就不用再努力了。"反过来想，行动会比想法更能够推动行动，不等想了再去做，而是从做开始，自然就会进入边思考边行动的状态。

想太多，做太少

沈慧在一家服装厂做销售，做了有一年多了，一直都没有接到什么大单子。但是最近听说有个很大的服装品牌在找代工厂，她就想，如果能拿下这个大单子，岂不是能得到很大一笔奖金。沈慧认为自己的能力应该没问题，于是她开始着手准备。

但是沈慧在做准备的时候，总是忍不住在幻想自己拿到大单子之后的场景。她会不会升职？她的奖金要怎么花？要不要趁机出去旅游？没过几天，沈慧还沉浸在自己的幻想中时，就听同事说："已经有服装厂把那个品牌谈下来了，咱们还是晚了一步。"沈慧一下子就泄了气，懊恼自己怎么没有早点行动。

• 想象中的自己很厉害

在制订计划的时候，拖延者参照的并不是自己当时的状态，而是理想中自己的状态。可是在真正实行计划的时候，我们还是处于当前的状态，所以我们仍然会拖延。

如果我们还是用理想中的状态来要求自己，当我们发现自己做不到自己制订的计划时，强烈的落差感会让我们抗拒接受现实，然后给自己找借口拖延："不是我现在完成不了计划，而是我现在的状态不好。"

上述故事中的沈慧就是这样，总是幻想自己成功之后的样子，但不行动，哪里来的成功？因为付诸行动是一件痛苦的事情，所以我们可能会把精力从思考怎么完成计划，放到想象完成计划后的喜悦上来。本质上，想象中的自己并不是自己，用幻想来完成任务是一种自我欺骗，是对当下实施计划的挫败体验的抗拒。

• 胡思乱想是一种"高内耗"行为

有心理学家曾经做过关于高内耗因素的实验，结果发现，在参加实验的人群中，有30%以上的人，消耗大部分精力的主要原因都是胡思乱想。

因为，当我们在胡思乱想的时候，虽然没有采取实际行动，身体也处于一种静止的状态，但我们的大脑也在高速运转。大脑的思考和运动也会消耗很多精力，时间长了，大脑会和身体一样感到疲惫。当我们回过神来处理手边的事情时，可能就会发现，自己已经没有多余的精力来做事了。这也就导致了之后的事情被拖延、被搁置。

• 如何破局

如何不再沉浸在自己的想象中，赶快行动起来呢？以下有几个可供参考的方法：

1.去除阻碍行动的障碍。

尽量减少想要完成的行动的阻力，比如，我们想要健身，可以选择公司附近或者家附近的健身房，这样去健身房并不会给自己带来太多麻烦，去的概率就会大大增加。

2.写下有对比的行动清单。

把计划中的理想时间，与实际完成的时间都写进行动清单里，形成两者之间的对比。比如，把计划的时间写在左边，实际行动的时间写在右边，到下次再次执行的时候，就能做一个参考，在无形之中推动我们第二天的行动。

3.降低行动的难度。

设定自己能够达到的目标，一开始可以设定很少的自己一定能完成的量。比如：想居家运动，一开始可以设定每次只运动 10 分钟，从简单的蹲起开始，先保证一定能做到之后才能坚持下去。

第十章　　压力下的内耗

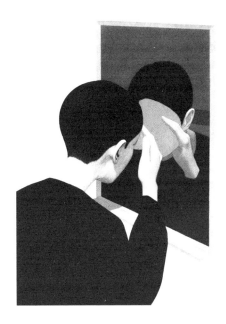

1. 毕业了，越面试越迷茫

毕业对于很多人来说是新的开始，同样也是新的挑战。一方面是初入社会的期待和兴奋，另一方面是各种就业压力。因为刚毕业，对于自己能否找到适合自己的工作岗位存在困惑，无法理性看待理想和现实之间的差距，焦虑情绪就自然产生了。

同时毕业生也会存在就业依赖心理，表现为在就业的过程中缺乏主动性。在面对就业选择的时候，缺乏获取就业信息的渠道，希望可以依靠更为便捷的方式和渠道找到合适的工作。在这种就业依赖心理的影响下，毕业生更易错失就业机会，迷失就业方向，导致求职理想与职业规划产生矛盾。

压力下的自我否定

周莹坐在路边，趴在自己的行李箱上面休息，有个路过的阿姨过来询问她怎么了。周莹得到了一个陌生人的关心，突然就忍不住了，眼泪一下就流了下来。周莹说自己刚毕业，找了两个月工作，钱也花得差不多了，还是没有合适的工作，也不好意思跟家里说。

周莹说她自己面试了很多工作，有时候一天要面试五六场，但都没有了下文。一场接一场失败的面试，让她变得越来越迷茫，越来越怀疑自己。周莹说现在很多好一点的企业要求都很高，要么要名校毕业，要么要研究生学历，而她只是一个普通大学的本科毕业生。

阿姨就劝周莹，如果找不到工作，不如降低要求，先找一份工作，把温饱解决了再说。周莹说她有时候也在想，要不就去刷盘子、送外卖算了，可想想自己毕竟受过高等教育，实在不甘心。

• 自我认知偏差减少了求职动力

毕业生很容易在就业的过程中产生自我认知偏差，不是过于自卑，就是过于自负。自卑是因为无法面对严峻的就业形势，以及激烈的就业竞争，在主观上产生了自我否定、自我怀疑，从而让自信心和自尊心都受到打击。在数次的失败之后，这些经历又进一步强化了消极心理，让自卑感更加强烈。

而自负同样也是因为对自己没有客观评价，高估了自己的能力，夸大了优势，忽略了自身的不足。选工作的时候也不考虑实际情况，过度看重专业对口和行业待遇，不愿意降低自己的标准，这就导致自己容易对工作不满意，失去就业积极性。

上述故事中的周莹就是如此，一方面被连连失败打击得不敢再尝试，越来越自卑；另一方面又不甘心放下"身段"，去做那些她认为不值得的工作。

• 盲从心理让人失去就业方向

很多时候，毕业生不满意现在的生活和理想的生活之间的差距，但是又没有能力实现理想，甚至连自己的理想是什么都不知道。于是就在求职判断、心理、认知等方面会倾向于跟随大多数人的言语和行为方式。依赖于别人的意见，比如，别人说进大厂好，就想绞尽脑汁进大厂；别人说当老师好，就忙于各种资格考试。没有自己的坚持和独立性，在就业目标上摇摆不定，也会造成越来越大的就业压力。

• 如何破局

要想解决这种就业压力带来的精神内耗，根本在于要意识到我们还有非常多的选择，看到生活的更多可能性，然后行动起来。

1.合理调整认知。

打开自己的视野，多关注与就业相关的信息，留意相关企事业单位的招聘信息，了解最新的毕业就业、创业的动向。不必局限于一些固定的工作形式，多尝试，努力创造机遇。

2.放低姿态，从零开始。

放低姿态并不是意味着什么工作都做，而是以一种谦虚和务实的态度面对工作。认识到自己的不足，激发自己不断学习，努力提升自己的综合素质，从而在职场上不断进步。

3.做好求职的充分准备。

做好职业定位，主动接触和学习基本的面试技巧，并且进行正确的自我评价。仔细阅读用人单位的招聘信息，了解企业的深层需求。

2. 到了 30 岁，发现身边的人都比自己"牛"

十多岁，发现身边的人的成绩比自己好；二十多岁，发现身边的人比自己的工作好；三十岁，发现身边的人各方面发展都比自己好。好像别人的优秀衬托得自己很差劲，导致自己越来越焦虑。

如果我们总是盯着别人的人生来评判自我，那我们的价值感必然会变得很低。我们之所以总是想跟别人进行比较，本质上就是缺乏独立、客观的自我认知。这种比较就像无底洞，永远无法让我们感到满意。而在这个过程中，我们往往会遗忘和忽视自己真正的追求。

看到了"假想敌"，却没看到自己

范梦瑶曾经在欧洲留过学，回国后就进入大厂工作，后来又回到老家当老师，生活看起来一直都很顺利、稳定，甚至令人羡慕。但是她总觉得自己不够优秀，于是不断鞭策自己，但越鞭策就对自己越不满意，变得更加焦虑了。

从小到大，她就为自己树立了很多"假想敌"，有同学、朋友、同事，总是忍不住把自己跟别人进行对比。本来范梦瑶去欧洲留学是值得庆祝的一件事，但相比于同学的名校，她总觉得自己的学校不够好。后来她回国，进了大厂，又忍不住跟留在欧洲就业的朋友对比。再后来她又当了老师，虽说安稳，但对比朋友的高薪职业，自己心里又不平衡。太多的"不够"，让她失去了自信和感知幸福的能力。

• 好与不好都是比出来的

许多压力都是比较出来的，这种比较而来的压力多数在同辈之间存在。

同辈压力是指希望被同辈的人接纳、认可，避免被排挤，还会被同辈团体影响，改变自己态度和行为，从而产生一种心理压力。

同辈压力普遍分为两种：从众型和竞争型。从众型的人会通过顺从，变得和同辈趋同，以此获得"归属感"来证明自己。而竞争型的人，会通过不断比较和竞争，希望成为同辈中最优秀的那个，以此证明自己的"价值感"。

上述故事中的范梦瑶来自同辈的压力就属于竞争型，始终想比别人优秀，但始终对自己不满意，这就导致内心不断内耗，压力越来越大。

背负同辈压力的人，想要的都是同一个东西，那就是认可，特别是来自同辈的认可。仿佛只有这样，才能证明自己足够好。然而，如果总是把个体的自我价值寄托于别人的评价，无异于自寻烦恼。

• 同辈压力背后的社会时钟

很多人承担着同辈压力，实际上是在被同辈压力背后的社会时钟推着走。因为我们遵循着"什么年龄就该干什么事"的人生轨迹，一旦自己的年龄看起来与目标偏离，就容易感到焦虑。因为好像往周围一看，自己的同龄人似乎都在按照社会期待的主流方向前进。

在这个过于强调竞争的环境中，人们容易对"成功"的信息特别敏感。当自己没有获得被别人认可的"成功"时，就会把同辈压力归结于自己不够努力，或者是自己的能力不足，从而不自觉地进行比较，且久久难以释怀。

• 如何破局

看到别人比自己优秀，越来越内耗，怎么办？可以试试以下这些甩掉同辈压力的方法：

1.允许自己和别人不一样。

我们无法用任何标准来要求自己和别人一致，当我们产生自我怀疑时，可以找一找自己的真实需求。不管答案如何，这并不代表我们不够优秀，而只是意味着，我们有自己的路要走。

2.把同辈压力转化为同辈动力。

我们可以把同辈压力当成"指南针"，看看什么人值得我们学习，借助"不希望落伍"的心态进行自我完善。把优秀的同辈人当作学习的榜样，把同辈压力转变成同辈动力。

3.只跟自己比。

学会将关注点从"他人的成功"转移到"自我的进步"。在羡慕别人的时候，想想自己拥有什么、想要什么、该如何实现。通过看到自己的闪光点和目标，得到更清晰的自我认识。

3.卷又卷不动，躺又躺不平，无奈又迷茫

"反内卷"是一种潮流，也是很多人对充满压力的生活的一种反抗，结果要么是逃避，要么是"躺平"，可是我们大多数人都没办法做到完全"躺平"。一方面，一"躺平"就不知道做什么；另一方面，没办法克服各种精神和物质上的压力。于是就会出现一种尴尬的局面：躺又躺不平，卷又卷不动，夹在中间既没有动力，也没有目标。

美国心理学家阿尔伯特·班杜拉认为，自我效能感在恢复力、动机和目标实现中起着关键作用。"卷不动"是认为自己做不到，"躺不平"是认为自己不能心安理得地休息，这就是自我效能感低的一种表现。自我效能感低的人可能会怀疑自己不能有效完成任务，从而导致自己想逃避，以此来避免潜在的失败或失望。

从"躺平"变成了"仰卧起坐"

程浩有一段时间特别忙，常常加班，整个人都很疲惫。某天，他突然感觉特别没意思，就想着"躺平"，于是他就提了辞职，想彻底让自己休息一段时间。从那时起，程浩放飞了自我，不是躺在家里看电视、玩手机，就是出门跟别人一起打麻将，每天吃喝玩乐，好不快活。

刚开始的那一两个星期，程浩的确很开心，不用整日操劳，没有做不完的工作，也不用考虑赚钱。但不到一个月的时间，程浩就开始隐隐有些焦虑。玩的时候，担忧着自己的未来；说起找工作，又感到很抗拒。

他想"躺平"又完全躺不平，不想无所事事，但做什么都静不下心。辞职不到两个月，程浩就坐不住了，重新找了份工作，想让自己赶紧忙起来。

• "躺平"和"内卷"，不知道自己想要什么

"躺平"是一种消极的行为，表现的是一种逃避、退缩的心态。但在一定程度上，"躺平"也属于正常的心理防卫机制，是年轻人缓解压力的一种手段。但是，"躺平"也有不同的属性和类别。暂时的"躺平"可以缓解竞争带来的压力，但不能从根本上解决问题；自暴自弃式的"躺平"，会给自己带来更大的焦虑。

"内卷"也一样，"卷"进去的本质就是放弃主动选择，放弃主动思考，把自己的发展交给了环境，也算是一种偷懒的做法。

无论"躺平"，还是"内卷"，本质上就是找不到自己的方向。就像上述故事中的程浩，他说想要让自己休息一段时间，但他没有做好未来的规划，所以就算"躺平"也会焦虑，又不得不赶紧随便找份工作。总在"做吧，其实没那么想要""不做吧，又担心自己被淘汰"中摇摆，这其实就是缺乏方向感。

• 挣扎中的"45度人生"

有的人"卷不动"，也"躺不平"，不想再追求传统意义上的"卷"和"躺"，于是就想在生活和工作之间找到一个平衡点，追求一个折中的状态，于是"45度人生"就出现了。

如果把人生比作一个90度的直角，向上是奋力一击的追求，拼命"内卷"；向下是颓废懒散后的妥协，"躺平""摆烂"。而45度就像是卡在中间的一个尴尬的位置，就如我们所说的"卷又卷不动，躺又躺不平，摆又摆不烂"，但从另一个角度来看，这种45度的状态也可以是一根指针，当我们的能量充足时，可以牟足劲向上"卷"；当我们累了，又可以完全放松地"躺"下来歇一会儿。

- **如何破局**

如何打破这种"卷又卷不动，躺又躺不平"的状态呢？以下有几个可供参考的方法：

1.正视"躺平"的快乐。

不必因为"躺平"而感到可耻，采用积极乐观的态度面对"躺平"，不被"躺平"的负面情绪所影响，可以"内卷"完再"躺平"，"躺平"完再"内卷"。

2.只"卷"自己的目标。

不跟别人"卷"，不要盯着别人，丢了自己，而要看见自己的目标，知道自己每天需要做的事情。

3.知道自己为何而活。

无论"躺"还是"卷"，最重要的是搞清楚自己为什么而活，自己想成为什么样的人，做到"卷"得有意义，"躺"得很舒心。

4. 宁可憋出内伤，也不肯说出来

　　负面情绪和压力通常被认为是负能量，很多人宁可憋在心里，也不愿意对别人倾诉。可能是不想展现自己的不成熟；可能是不想给别人添麻烦；可能是不认为别人能够做到真正的感同身受。那么不如选择沉默，进行自我消化。

　　有伦敦冥想中心的专家表示，静默压力会造成情感麻痹，让我们在不开心的处境中无法自拔。曼彻斯特大学的心理学教授也认为，静默压力的影响就像是弹片，虽然弹片在最开始的时候对身体的影响不大，但随着时间推移，副作用会越来越大，甚至会威胁到生命。

压力没有宣泄口，情绪随时爆炸

　　张健跟妻子都是普通职员，张健每月的工资只够维持正常开支，还要承担房贷。有了孩子后，张健的压力就更大了，因为没人帮忙带孩子，妻子只能辞职做一名全职妈妈。

　　本来两个人的收入，除去日常开支和房贷之外，还能有点剩余，可自从妻子辞职在家后，所有的生活压力全部压在了张健身上，他不但要面对工作上的压力，还要负担起整个家庭的经济压力。

　　妻子也很心疼张建，她知道张建压力很大，却不知该怎么安慰，张建也不愿意找她倾诉。有一天，张建下班回到家，收到一张催缴费用的清单，这张清单像是压垮他的最后一根稻草，让他的情绪瞬间崩溃，直接瘫坐在地上放声大哭。

• 憋在心里的压力，会以别的方式爆发

心理学家弗洛伊德曾提到，未被表达的情绪永远都不会消失，它只是被"活埋"了，总有一天会以更丑恶的方式爆发出来。这些压力起初可能是单一的，只会让我们单纯感到疲惫或者沉重，如果这些压力一直积累，就会衍生出不可控制的负面情绪，由最初的心累，转变为对他人的失望、对自我的厌恶。

压力和负面情绪像是个火药桶，都存在心理忍耐的极限，如果不及时解压、倾倒，这个火药桶迟早会因为一个火花而爆炸。上述故事中的张健就是如此，他以为自己足够坚强，以为自己能够独自承担这些压力，但最终还是崩溃了。

• 抱怨也有自由

抱怨也是纾解压力的一种方式，有些长期压抑情感的人，在抱怨时，就好像突然有了"生命力"，变得特别有力量。这是因为，通过抱怨，压抑的情绪得到纾解。但抱怨通常会让一个人看起来充满负能量，所以有的人会一边强迫自己不抱怨，一边又总控制不住抱怨，陷入深深的无力感中，就这样失去了"抱怨的自由"。

不论想要"消灭"抱怨，还是想走进抱怨的泥潭，都会对人际关系造成伤害。当我们抱怨时，只是希望别人能够看到自己的不容易。这种不容易被看到时，我们反而能以更好的姿态面对生活。所以，抱怨不是要被压抑或者被纵容的，而是需要被适当接纳的。允许抱怨存在，才能让我们以一种正确的方式对待它。

- **如何破局**

内心的压力很大，但仍然说不出口怎么办？以下给出了一些可以尝试的自我调整的方向：

1. 正视自己内心的压力。

压力已经存在，逃避并不能让压力消失，我们可以先正视自己的压力，接受压力。尝试理解压力的存在并不是一件坏事，正视压力能让我们更好地处理困难。

2. 说不出口，就用行动表达。

如果说不出口，我们可以用行动表达自己的脆弱。可以从生活中的小事开始，练习提出自己的需求。比如，我们可以说："这周末我们出去玩，放松一下吧，最近有点累。"

3. 把倾诉当作短暂的休息。

倾诉，是为了让我们的内心得到释放和治愈，并不是把问题推给别人，我们既不必太期待对方能给出什么行之有效的解决方法，也不要过度强迫自己立刻解决问题。